Ulrich Strobel-Vogt

Erfolge mit SAP Business Workflow®

Edition Business Computing
herausgegeben von Prof. Dr. Paul Wenzel

Die Reihe **Edition Business Computing** bietet Anwendern, Entscheidern, Beratern sowie Trainern und Dozenten praxisorientierte Leitfäden für den effizienten Einsatz systemintegrierter Software im Unternehmen.

Die Beiträge zeigen Beispiele und Lösungen zur Verbesserung betrieblicher Abläufe und zur Optimierung von Geschäftsprozessen. Es geht u. a. um Themen wie SAP R/3-Anwendungen, ABAP/4, SAP-MIS/EIS, Geschäftsprozeßoptimierung mit Baan- und Navision-Systemen, Business Workflow, Internetapplikationen.

Besonderer Vorzug der Reihe ist die spezifische Verbindung von Betriebswirtschaft und Informatik in der angewandten Form einer praxisnahen Wirtschaftsinformatik, die sich als **unabhängig versteht gegenüber Firmen und Produkten** und nicht zuletzt dadurch praxisgerechte Hilfestellung anbieten kann.

Die ersten Titel der Reihe:

Geschäftsprozeßoptimierung mit SAP R/3®
hrsg. von Paul Wenzel

Betriebswirtschaftliche Anwendungen des integrierten Systems SAP R/3®
hrsg. von Paul Wenzel

SAP R/3®-Anwendungen in der Praxis
hrsg. von Paul Wenzel

SAP Business Workflow® in der Logistik
von Ulrich Strobel-Vogt

Business Computing mit BAAN®
hrsg. von Paul Wenzel und Henk Post

Business Computing mit NAVISION®-Systemen
hrsg. von Paul Wenzel

Business Computing mit SAP R/3®
hrsg. von Paul Wenzel

Betriebswirtschaftliche Anwendungen mit SAP R/3®
hrsg. von Paul Wenzel

Erfolge mit SAP Business Workflow®
von Ulrich Strobel-Vogt

Vieweg

Ulrich Strobel-Vogt

Erfolge mit SAP Business Workflow®

Strategie und Umsetzung in der konkreten Praxis

SPRINGER FACHMEDIEN WIESBADEN GMBH

Die deutsche Bibliothek – CIP-Einheitsaufnahme

Strobel-Vogt, Ulrich:
Erfolge mit SAP Business workflow: Strategie und Umsetzung in der konkreten Praxis / Ulrich Strobel-Vogt. – Braunschweig; Wiesbaden: Vieweg, 1999
(Vieweg Edition Business computing)

Additional material to this book can be downloaded from http://extras.springer.com.

ISBN 978-3-663-05830-4 ISBN 978-3-663-05829-8 (eBook)

DOI 10.1007/978-3-663-05829-8

Softcover reprint of the hardcover 1st edition 1999

Der Verlag Vieweg ist ein Unternehmen der Bertelsmann Fachinformation GmbH.

http://www.vieweg.de

Konzeption und Layout: Ulrike Weigel, www.CorporateDesignGroup.de

Gedruckt auf säurefreiem Papier

Vorwort

Die Ausgangslage

Momentaufnahme 1: Nun ist er also da, der rasante Fortschritt der Informations- und Kommunikationstechnologie. Und wie gehen wir damit um? Was gestern noch aktueller Stand war, ist heute bereits Nostalgie. Und nostalgisch, gar rückschrittlich will ja nun wirklich niemand sein. Die Branche expandiert nicht, sie explodiert in eine nicht mehr überschaubare Unzahl von Informationsveranstaltungen zum Thema *„neue Medien"*. Immer die gleichen Technikfreaks und DV-Beauftragten von Großunternehmen geben sich als Prediger im Wanderzirkus die Klinke in die Hand; immer wieder werden die gleichen Katholiken dutzendfach getauft. Und wie das in einem Wanderzirkus so ist: Auch Gaukler und Taschendiebe sind dabei.

Momentaufnahme 2: Da steht er nun, der Unternehmer, seriös und solide, die Basis für die wirtschaftliche Entwicklung. Er betrachtet das bunte Treiben um sich herum leicht irritiert. Ihm ist durchaus klar, daß er den Anschluß nicht verpassen darf. Aber er spricht eine ganz andere Sprache als die *„neuen Medianer"*. Die Frage, welcher Content Provider dafür sorgt, daß er auf der Homepage seiner Internet-Performance scrollen kann, ist für ihn nicht das Maß aller Dinge. Er möchte drei Fragen beantwortet wissen:

1. Welche neuen Medien kann ich bei mir im Betrieb sinnvoll einsetzen?
2. Was kostet das?
3. Wie geht das?

Allzu häufig erhält er auf diese Frage keine seriöse, kompetente Antwort. Logischerweise ist das Thema dann für ihn beendet; er legt es zu den Akten, bestenfalls auf Wiedervorlage. Genau das kann er sich jedoch nicht leisten, wenn er im weltweiten Wettbewerb nicht verlieren will.

Natürlich sind diese beiden Momentaufnahmen drastisch zugespitzt. Sie spiegeln aber trotzdem ein reales Problem wider. Dieses Buch möchte dazu beitragen, etwas Licht in das Dunkel des *neuen Mediums* Workflow System zu bringen und damit Anbieter und potentielle Anwender in höherem Maße zusammenführen, als das bislang zu erkennen ist. Dementsprechend werden auch drei Fragen beantwortet:

1. Welchen Nutzen bietet SAP Business Workflow®?
2. Wie hoch ist der Aufwand, um es einzusetzen?
3. Welche Vorgehensweise bei der Implementierung ist sinnvoll?

Die Struktur des Buches

Workflow-Theorie

In leicht verständlicher Weise wird in das Thema „*Workflow-Management im SAP-Umfeld*“ eingeführt. Zunächst werden die wesentlichen Begriffe geklärt, die bisher nicht selten für starke Verwirrung sorgten. Dabei steht der Fokus nicht allein auf dem SAP-System selbst, vielmehr wird auch das nötige betriebswirtschaftliche Umfeld mit in die Betrachtung einbezogen.

Implementierung

Anhand eines in nahezu jedem Betrieb relevanten Ablaufs wird beispielhaft die Umsetzung eines Geschäftsprozesses in ein ablauffähiges Workflow aufgezeigt. Mittels eines Leitfadens wird eine empfehlenswerte Vorgehensweise für die Workflow-Einführung dargestellt.

Die Entwicklungsphase wird unterstützt durch eine Selbstlerneinheit auf der beiliegenden CD. Hier wird die Implementierung des Beispiel-Workflows in Form von ScreenCams direkt am R/3-System aufgezeigt und durch weitere wertvolle Hinweise ergänzt. Damit wird ein Neueinsteiger in die Lage versetzt, recht schnell eigene Geschäftsprozesse im SAP Workflow System zu implementieren.

Bei gewissenhaftem Durcharbeiten des Beispiels werden dem Leser somit wichtige Anwendungs- und Systemkenntnisse vermittelt, die zum Aufbau eigener Geschäftsprozesse unabdingbar sind. Als betrieblich nutzbares „*Abfallprodukt*“ erhält er außerdem eine ablauffähige Workflow-Anwendung.

Das Buch berücksichtigt neueste Erfahrungen und Lösungsstrategien, die die EDV-Beratung Westernacher im Rahmen mehrerer erfolgreicher Workflow-Projekte sowohl in mittelständischen Betrieben als auch in Großkonzernen sammeln konnte. Gezeigt wird die Implementierung im SAP R/3 Release 4.0.

Wer sollte dieses Buch lesen ?

Entscheidungsträger, Projektleiter, DV-Manager, Projektmitarbeiter: Das Buch spricht DV-Organisatoren im SAP-Umfeld an, die die neuen Möglichkeiten von SAP Business Workflow® erstmals nutzen möchten und sich für einen Querschnitt der Leistungsfähigkeit interessieren. Es kann beurteilt werden, wie stark das eigene Unternehmen durch einen Workflow-Einsatz profitieren kann und auf welche Punkte besonders geachtet werden muß.

SAP-Entwickler, Projektmitarbeiter: Das Spektrum interessierter Entwickler wird um alle wesentlichen Workflow-Implementierungskenntnisse erweitert. Somit werden alle Bedürfnisse eines professionellen Entwicklers im Workflow-Umfeld abgedeckt. Ein Neueinsteiger im Bereich Workflow wird in die Lage versetzt, die Funktionsweise von SAP Business Workflow® nicht nur schnell zu verstehen, sondern auch sofort Geschäftsprozesse in die Praxis umzusetzen.

Die Chance

Technologisch gesehen bedeutet die Informationsgesellschaft die Integration von Datenverarbeitung und Telekommunikation. Organisatorisch gesehen bedeutet die Informationsgesellschaft die nachhaltige Änderung unserer Arbeitsumwelt. Der schnelle Zugriff auf Wissen und die Kommunikation mit Wissensträgern werden unsere Wertschöpfung bestimmen; das Abarbeiten von *„Vorgängen"* und die *„Sachbearbeitung"* werden unter dem Aspekt der Wertschöpfung zunehmend an Bedeutung verlieren. Nutzen Sie die Chance, diese Änderungen jetzt vorzubereiten.

im Januar 1999 — Ulrich Strobel-Vogt

Inhaltsverzeichnis

1 Einleitung

Neue Wettbewerbsfaktoren dominieren in den Betrieben. Wenn Industrie und Handel das Wort des Jahres küren würden, so wäre es wohl Efficient Consumer Response (ECR), was so viel bedeutet, wie: die effiziente Bedienung der Kundenwünsche. Kundenorientierung ist teuer. Gemeint ist die Forderung nach gehobener Qualität, schnellen Lieferzeiten, Service, innovativen Produkten und niedrigen Preisen. Nach Jahren der Rationalisierung durch Automation von einzelnen Bereichen mit beeindruckender Produktivitätssteigerung scheinen diese Möglichkeiten ausgeschöpft. Flexiblere Organisationsstrukturen und eine Reorganisation des Unternehmens unter Berücksichtigung einer ganzheitlichen Betrachtung versprechen effizientere Arbeitsabläufe.

Vor allem im bisher vernachlässigten administrativen Umfeld liegen offenkundig noch weitgehend unausgeschöpfte Möglichkeiten, um Produktivitätsfortschritte zu erreichen. Den Mitarbeitern stehen in der Regel unterschiedlichste Arten von Bürokommunikationssystemen zur Verfügung. Host-Anwendungen, Textverarbeitungs- und Tabellenkalkulationsprogramme, elektronische Post aber auch Handakten sind hier zu nennen. Meist handelt es sich um Insellösungen, die nur in sehr geringem Maße die Möglichkeit des Daten- und Informationsaustausches bieten. Die Einführung von Bürokommunikation kann die erforderlichen Sachbearbeitungszeiten stark reduzieren, jedoch beansprucht die Bearbeitung selbst - das bestätigen Analysen - oft nur rund 5% bis 10% der gesamten Durchlaufzeit eines Geschäftsprozesses[9]. Viel stärker verhindern hohe Transport- und Liegezeiten, mangelnde Prozeßtransparenz verbunden mit hoher Arbeitsteilung sowie die typischen Probleme einer historisch gewachsenen Aufgabenzuordnung die nötige Produktivitäts- und Effizienzsteigerung. Das Ergebnis sind überteuerte Leistungen, unzureichende Reaktionsgeschwindigkeit, Inflexibilität und schließlich auch unzufriedene Kunden und Mitarbeiter.

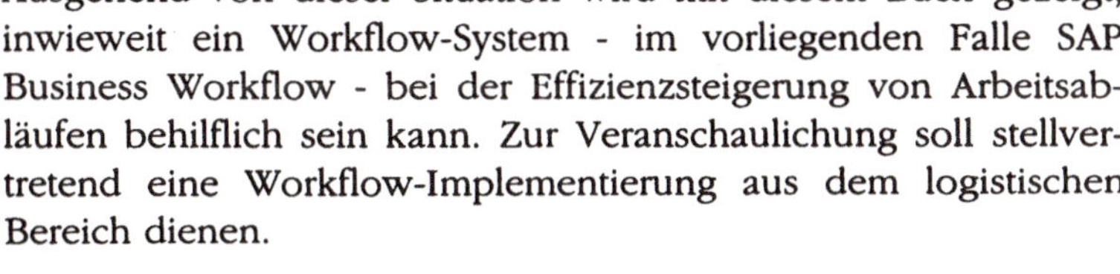

Ausgehend von dieser Situation wird mit diesem Buch gezeigt, inwieweit ein Workflow-System - im vorliegenden Falle SAP Business Workflow - bei der Effizienzsteigerung von Arbeitsabläufen behilflich sein kann. Zur Veranschaulichung soll stellvertretend eine Workflow-Implementierung aus dem logistischen Bereich dienen.

EXTRA MATERIALS extras.springer.com

Chaosforscher lieben den Spruch: „In der Theorie sind Theorie und Praxis dasselbe; in der Praxis sind sie es nicht.“ Dementsprechend soll die dargestellte Workflow-Theorie durch ein Praxisbeispiel untermauert werden. Das Beispiel wird auf der beigelegten CD-ROM in Form von ScreenCams vorgestellt, die die einzelnen Implementierungsschritte so zeigen, wie sie später im R/3-System zu definieren sind. Als Einstieg dient eine Internet-Seite, aus der die einzelnen ScreenCams aufgerufen werden können. In den entsprechenden Kapiteln im Text wird auf die vorhandenen ScreenCams durch das CD-Symbol hingewiesen.

Tutorial

Zur schrittweisen, geführten und mit detaillierten Hinweisen versehenen Einführung in die Welt der SAP-Workflows enthält die CD weiterhin ein Tutorial in Form einer PowerPoint-Präsentation. Sie kann ebenfalls aus der Internet-Seite aufgerufen werden. Das Durcharbeiten des Tutorials dauert etwa 90 Minuten.

Bewertung

Nicht fehlen soll schließlich eine kritische Auseinandersetzung mit dem Workflow-System der SAP. Im letzten Teil werden die in zahlreichen Projekten gewonnenen Erfahrungen differenziert bewertet.

Kapitel 2

Workflow-Technologie und Umfeld

Überblick

DV-technische und betriebswirtschaftliche Aspekte

Dieses Kapitel dient der Erarbeitung theoretischer Grundlagen zum Thema Workflow-Management. Hierbei sollen Workflow-Systeme nicht isoliert betrachtet werden, sondern auch das zu berücksichtigende Umfeld soll miteinbezogen werden. Dies sind insbesondere neue Technologien wie Data-Warehouse und Workgroup Computing auf der DV-Seite. Aus betriebswirtschaftlich orientierter Sichtweise sind Geschäftsprozeßmodellierung und -optimierung nicht zu vernachlässigende Aspekte beim Einsatz von Workflow-Systemen. In der abschließenden Zusammenfassung wird dargestellt, welche Ziele beim Einsatz von Workflow-Management-Systemen im allgemeinen und bei untersuchten Unternehmen im besonderen verfolgt werden.

2 Workflow-Technologie und Umfeld

2.1 Geschäftsprozesse

Unter einem Geschäftsprozeß wird eine Kette von Aktivitäten verstanden, die notwendig sind, um aus einer Kundenanforderung das vom Kunden gewünschte Ergebnis zu erstellen. Alle wichtigen Geschäftsprozesse sind dadurch charakterisiert, daß sie Abteilungsgrenzen überschreiten, wodurch Schnittstellen entstehen. An jeder dieser Schnittstellen wechseln der Bearbeiter und/oder die eingesetzten Systeme. Dadurch entstehen i. d. R. Übermittlungs-, Transport- und Wartezeiten. Auch führen emotionale Barrieren, etwa zwischen Abteilungen, oft zu bewußt oder unbewußt gefilterten oder verzerrten Informationen. Diese Schnittstellen bilden also einen maßgeblichen Einflußfaktor für Zeit, Kosten, Qualität und Flexibilität eines Geschäftsprozesses. Selbst bei der Einführung einer neuen DV-Technologie bleiben vorhandene Mängel in der Ablauforganisation erst einmal erhalten[9].

Die prozeßorientierte Denkweise soll vor allem helfen, vermeidbare Arbeiten einzusparen. Vorgangs- bzw. transaktionsorientierte Arbeitsabläufe werden systematisch zu ablauforientierten Prozeßketten zusammengesetzt. Insbesondere Doppelarbeiten und Tätigkeiten, die aufgrund der starken Aufteilung von Aufgaben anfallen, sollen entdeckt und eliminiert werden. Produktion und Einkauf, Finanzbuchhaltung und Personalwirtschaft, Vertrieb und Materialwirtschaft sollen zu einem Netz systematisch verbundener Arbeitsabläufe und Beziehungen zusammenwachsen.

Historie: Arbeitsteilung nach Adam Smith

Bei der Modellierung von Geschäftsprozessen wird die Frage, wer die Aufgaben ausführen soll, zunächst bewußt außer Acht gelassen[1]. Nicht Aufgaben, Positionen, Menschen und Strukturen, sondern vielmehr die Gestaltung eines Bündels von Aktivitäten, für das unterschiedliche Inputs benötigt werden, sollen im Zentrum der Betrachtung stehen. Dies steht im Gegensatz zum bisher weitverbreiteten Konzept der Arbeitsteilung nach Adam Smith. Seine Grundsätze fußten auf Beobachtungen, daß eine bestimmte Anzahl spezialisierter Arbeiter, die jeweils einen einzigen Schritt in der Herstellung einer Stecknadel durchführten, pro Tag weitaus mehr Stecknadeln produzieren konnten als die gleiche Anzahl Generalisten, die jeweils ganze Nadeln herstellten.

Die direkte Folge war eine Steigerung der Produktivität der Stecknadelhersteller um einen Faktor von mehreren Hundert und indirekt die Ausbreitung des zentralen Gedankens von Adam Smith: Arbeitsteilung oder Spezialisierung und dementsprechende Fragmentierung der Arbeit. Je größer eine Organisation, desto spezialisierter sind ihre Beschäftigten und desto mehr einzelne fragmentierte Arbeitsschritte bestehen[5].

Abbildung 2.1: Wandel der Organisationsformen Quelle: [3]

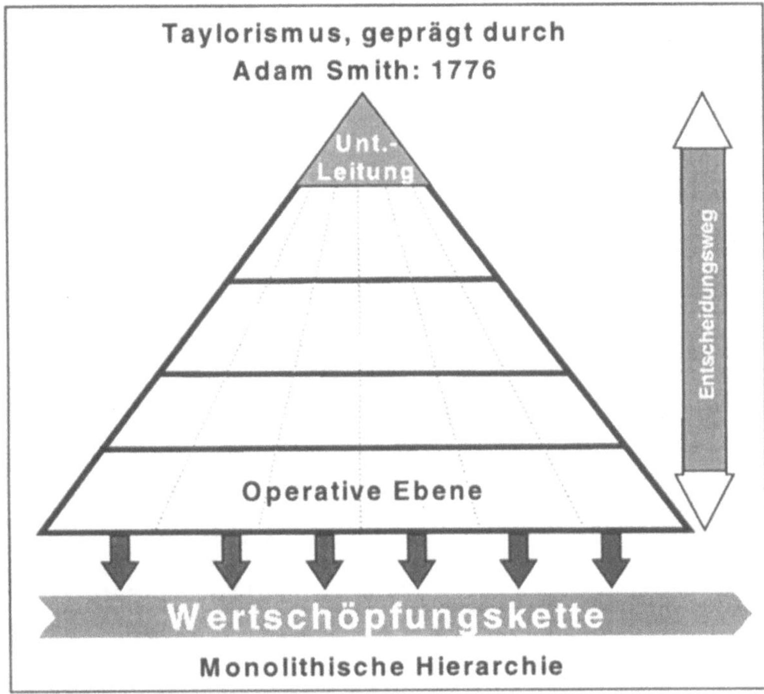

Warum Prozeßorientierung ?

Bezeichnend ist, daß dieser Grundsatz heutzutage nicht nur für die verarbeitende Industrie gilt, sondern auch im Dienstleistungsbereich (Versicherungen, Banken) massiv Fuß gefaßt hat. Die tangierten Mitarbeiter schließen in solch einem System niemals eine Aufgabe ab, sondern konzentrieren sich lediglich auf die kleinen Arbeitsschritte, für die sie verantwortlich sind, und verlieren dabei häufig das übergeordnete Ziel aus den Augen, nämlich die Auslieferung von Waren oder Dienstleistungen an den Kunden, der sie bestellt bzw. nachgefragt hat. Die Auswirkungen eines solchen Systems hat wohl jeder schon am eigenen Leib erfahren, etwa bei dem Versuch, in einem größeren Unternehmen einen kompetenten oder zuständigen Sachbearbeiter für sein Anliegen zu finden. Die einzelnen Arbeitsgänge sind zwar wichtig, aber keiner von ihnen interessiert den Kunden, wenn der Prozeß insgesamt nicht das gewünschte Ergebnis erbringt. Mit der Prozeßorientierung soll dieses tayloristische Denken durchbrochen, eine Ausrichtung auf die Anforderungen des Marktes und eine effizientere Bearbeitung dieser Anforderungen erreicht werden.

Abbildung 2.2: Wandel der Organisationsformen Quelle: [3]

Geschäftsprozesse lassen sich in drei Arten gliedern:

- **Hauptprozesse** dienen der Verwirklichung der Marktleistung (z. B. Auftragsbearbeitung, Produktentwicklung).
- **Unterstützungsprozesse** stellen die Infrastruktur zur Verfügung (z. B. Personalbeschaffung, Informationsversorgung).
- **Innovationsprozesse** erneuern die Leistungsfähigkeit (z. B. Strategieplanung, Aufbau von Wissen).

Große Geschäftsprozesse werden in Teilprozesse zerlegt. Beispielsweise könnte man den Prozeß *„Bestellabwicklung"* in die kleineren Teilprozesse *„Bestellanforderungsbearbeitung"*, *„Anfrage/Angebotsbearbeitung"*, *„Warenannahme"* usw. auflösen.

Eine Möglichkeit, einen Überblick über die Geschäftsprozesse im Unternehmen zu erhalten, besteht in der grafischen Darstellung von Geschäftsprozessen als Prozeß- oder Flußdiagramm in Anlehnung an die Abbildung von Unternehmensstrukturen in Form von Diagrammen. Solche Darstellungen zeigen, wie die Arbeit durch das Unternehmen fließt. Sämtliche Prozesse werden von der groben Wertschöpfungskette bis hin zu den einzelnen Detailabläufen modelliert und i. d. R. mit Unterstützung eines Softwarewerkzeugs grafisch dargestellt. Die Prozeßdiagramme können einerseits als Grundlage zur Dokumentation gem. ISO 9000 ff und andererseits als nützliche Diskussionsgrundlage zur Optimierung der Geschäftsprozesse (siehe Kapitel 2.2) dienen. Wenn das Modellierungswerkzeug in der Lage ist, gewisse Situationen des Geschäftsablaufs zu simulieren und am Bildschirm zu animieren, kann dies dazu beitragen, einen besseren Einblick in die Dynamik des Prozesses zu erhalten. Bereits während der Modellierungsphase kann dann auf unterschiedliche Situationen eingegangen werden.

Die folgende Abbildung zeigt ein Geschäftsprozeßdiagramm, das mit der Methode *„Ereignisgesteuerte Prozeßkette"* (ePK) modelliert wurde. Hierbei handelt es sich um eine am Institut für Wirtschaftsinformatik in Saarbrücken entwickelte Methode, deren Ziel es war, zeitlich-logische Ablauffolgen von Funktionen darzustellen und zu analysieren. EPKs eignen sich in besonderer Weise zur Modellierung von Geschäftsprozessen. Weitere Details zu dieser Methode sind in Kapitel 3 zu finden.

Abbildung 2.3: Auszug aus einem Geschäftsprozeß-diagramm Quelle: [17]

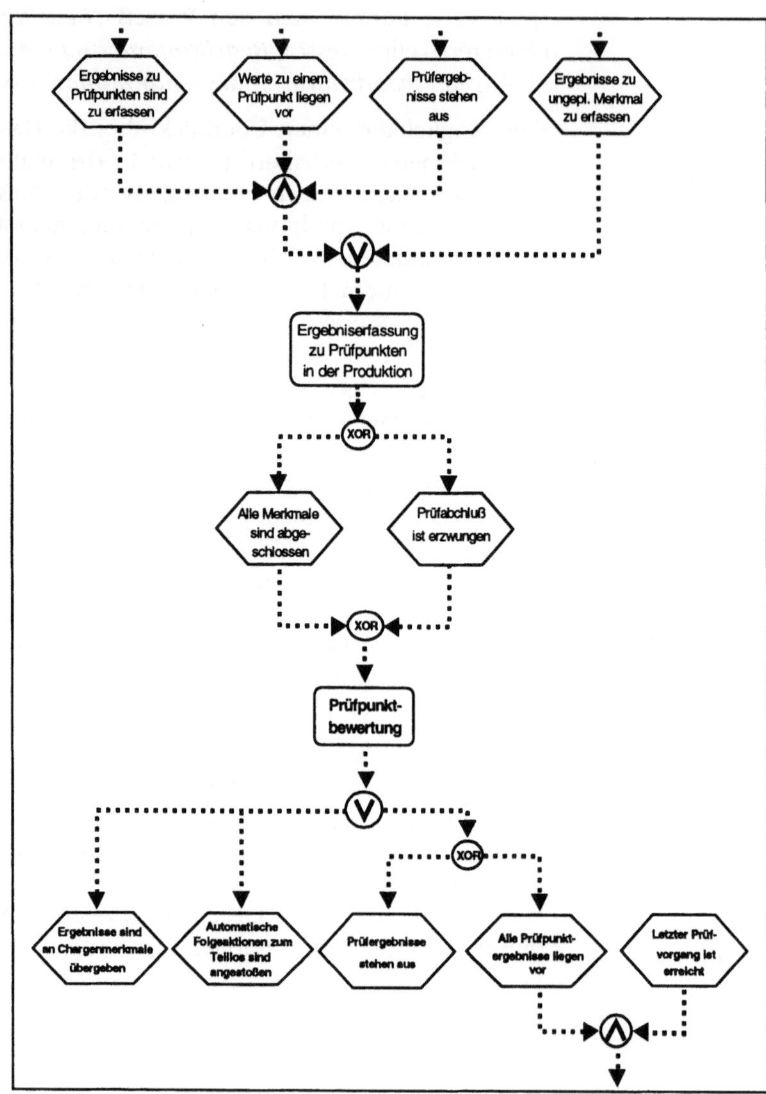

Während für die interne Programmlogik die Objektorientierung das Paradigma darstellt, ist die Prozeßbetrachtung das adäquate Instrument zur Optimierung der Ablauforganisation.

2.2 Geschäftsprozeßoptimierung

Viele Unternehmen sind durch Organisationsmerkmale gekennzeichnet, die eine flexible Reaktion auf sich verändernde Marktsituationen verhindern. Während die Kunden guten Service, innovative Produkte und niedrige Preise fordern, sind ineffiziente Geschäftsprozesse maßgeblich daran beteiligt, die Erhöhung der Durchlaufzeiten, eine Kostenreduzierung und höhere Produktivität zu behindern. Eine überzogene Arbeitsteilung auf verschiedene Spezialisten hemmt schnelle Entscheidungsprozesse, verursacht hohen innerbetrieblichen Koordinierungsaufwand und hohe Liegezeiten während der Bearbeitung der Vorgänge. Die Neuausrichtung eines Unternehmens erfolgt heute auf der Basis betrieblicher Prozesse mit hohem Wertschöpfungsanteil. Im Mittelpunkt steht eine an den strategischen Unternehmenszielen ausgerichtete und nutzenorientierte Geschäftsprozeßoptimierung.

Ziel ist es:

- logisch zusammengehörige Prozesse mit wenigen Schnittstellen zu schaffen;
- die Komplexität bestehender Abläufe zu reduzieren;
- die Prozesse an den Bedürfnissen der Kunden auszurichten;
- die Wertschöpfung der Vorgänge in den Mittelpunkt der Betrachtung zu stellen;
- die Eigenverantwortung der Mitarbeiter zu stärken.

Die Literatur schlägt einige durchaus unterschiedliche Ansätze vor, wie schlanke Geschäftsabläufe herbeigeführt werden können. Hierbei sind vor allem drei grundlegende Konzepte sowohl im Umfang der Reorganisation als auch in der Art der Geschäftsprozeßanalyse von Interesse.

2.2.1 Optimierungskonzepte

Lean Management, Total Quality Management und Business Process Reengineering sind gegenwärtig die am meisten angewandten Methoden zur Geschäftsprozeßoptimierung und sollen im folgenden kurz vorgestellt und voneinander abgegrenzt werden.

Lean Management hat das „schlanke Unternehmen“ zum Ziel, das durch flache Hierarchien, kurze Entscheidungswege sowie dem Prinzip der kontinuierlichen Verbesserung (Kaizen) geprägt ist. Die Leistungsverbesserung bezieht sich in erster Linie auf Produktivitätssteigerung, indem Verschwendung in Abläufen vermieden werden soll, wobei dieser Prozeß durch die Mitarbeiter getragen wird. Die Umgestaltung ist nicht zwangsläufig unternehmensumfassend, sondern kann auch nur in einzelnen Bereichen realisiert werden. Wesentliches Merkmal der Lean-Konzeption ist nicht die Umgestaltung des Unternehmens oder Teilen davon, sondern die Verbesserung der Kostenstruktur unter dem Gesichtspunkt, mit Lean-Maßnahmen das Unternehmen durch Abbau von Personal zu verschlanken. Lean ist lediglich ein Konzept ohne Methodik; deshalb fehlen die wesentlichen theoretischen Grundlagen zur praktischen Umsetzung. Lean ist eine Rationalisierungsstrategie. Der verstärkte Einsatz von Informationstechnologie ist nicht zwingend vorgesehen.

Lean Management zur Produktivitätssteigerung

Total Quality Management (TQM) geht vom Qualitätsgedanken an die Problematik heran. Um wirkliche Qualität zu erreichen, muß sich der Qualitätsgedanke durch alle Bereiche des gesamten Unternehmens ziehen. Jeder Mitarbeiter begreift sich hier als Lieferant für interne und externe Kunden, deren Waren in einer festgelegten Qualität geliefert werden. Ziel ist eine Verankerung des Qualitätsbewußtseins im Wertesystem des Unternehmens. Werkzeuge des TQM sind Qualitätszirkel und Qualitätsaudits, in denen Mitarbeiter aller Hierarchieebenen ausgewählte Qualitätsprobleme diskutieren und Lösungsvorschläge zu ihrer Behebung erarbeiten.

TQM zur Erhöhung des Qualitätsbewußtseins

Business Process Reengineering (BPR) beinhaltet das fundamentale Überdenken und die radikale Neugestaltung des Unternehmens oder wesentlicher Unternehmensprozesse. Ziel ist die entscheidende Verbesserung der kritischen Leistungsgrößen Zeit, Kosten, Qualität und Service. Das organisatorische Konzept ruht auf vier Säulen:

- Orientierung an den kritischen Geschäftsprozessen (d. h. allen Prozesse, die direkt mit der Leistungserstellung zu tun haben);
- Ausrichtung dieser Geschäftsprozesse am Kunden;
- Konzentration auf Kernkompetenzen (d. h. auf spezifische Fähigkeiten eines Unternehmens, durch die es sich von allen anderen Unternehmen abhebt);
- Nutzung modernster Informationstechnologie.

BPR will dabei nicht vorhandene Abteilungen reorganisieren und bestehende Abläufe optimieren, sondern eine völlige Neugestaltung der erfolgskritischen Geschäftsprozesse erreichen. Dies erfolgt i. d. R. zielorientiert, d. h. ausgerichtet auf die (veränderte) Zielsetzung des Unternehmens. Aber auch im Krisenfall (z. B. bei erheblichen Veränderungen innerhalb oder außerhalb des Unternehmens) kann BPR als Prozeßerneuerer herangezogen werden.

BPR zur kontinuierlichen Verbesserung der Abläufe

Neben der Vereinfachung von komplexen Abläufen beabsichtigt BPR auch, den Wandel in einem Unternehmen als Konstante zu etablieren, also eine kontinuierliche Verbesserung bestehender Prozesse durch fortlaufende Analyse und Neugestaltung herbeizuführen (siehe auch Kapitel 2.3, Abb. 2.4). BPR versteht sich nicht als Rationalisierungsmaßnahme[9].

Der Erfolg des BPR steht und fällt mit der Auswahl und der Organisation der Menschen, die das Business Reengineering durchführen. Ein Prozeßverantwortlicher, der die Verantwortung für einen bestimmten Prozeß und die betreffenden Reengineering-Maßnahmen trägt, stellt ein Reengineering-Team zusammen, das sich eines Geschäftsprozesses annimmt, ihn diagnostiziert und sich um das Redesign und die Implementierung des neuen Prozesses kümmert. Unterstützt wird das Team durch einen Reengineering-Zar, der sich für die Entwicklung von Methoden und Werkzeugen sowie die Realisierung von Synergien zwischen getrennten BPR-Projekten verantwortlich zeichnet. Geleitet werden die Projekte vom Lenkungsausschuß, der Richtlinienentscheidungen trifft, Strategien für das Gesamtunternehmen entwickelt und formuliert und deren Fortschritt überwacht.

Am Anfang des BPR steht eine Zieldefinition. Meßbare Zielvorgaben und deren Bewertungskriterien werden definiert, wie etwa

- Kennziffern, die erreicht oder verbessert werden sollen (z. B. Produktivität),
- Szenarien, die man sich für die Zukunft vorstellt (z. B. Dauer der Angebotsabwicklung soll halbiert werden. Anzahl der Reklamationen soll um 50% gesenkt werden u.s.w.).

Anschließend sind die kritischen Geschäftsprozesse zu ermitteln und die richtigen Lösungen dafür zu finden.

Tabelle 2.1:
Beispiele für Reengineering-Maßnahmen
Quelle: [3]

Symptom	Falsche Lösung	Reengineering-Ansatz
Hoher Kommunikationsaufwand; viele beteiligte Stellen; fragmentierter Prozeß.	Schnelleres Netzwerk; Email einführen; Formulare verbessern.	Prozeß konzentrieren; beteiligte Stellen reduzieren.
Überhöhte Lagerbestände.	Lagerbestände auf dem Rechner erfassen.	Lagerbestände abschaffen.
Hoher Kontrollaufwand im Verhältnis zur Wertschöpfung.	Kontrollen automatisieren.	Verantwortlichkeit erhöhen, motivieren, Mißtrauen abbauen.
Komplexe Prozesse mit vielen Ausnahmen und Sonderfällen.	Prozeß mit Rechner unterstützen.	Prozeß aufteilen in einfachen Basisprozeß (80% aller Fälle); Verzweigung in abgeleitete spezialisierte Prozesse.
Häufige Nacharbeiten und Iterationen.	Nacharbeiten automatisieren.	Nacharbeiten vermeiden durch frühe Rückkopplung im Prozeß.

Insbesondere bei der Einführung eines neuen Informationssystems ist der Zeitpunkt der Durchführung des BPR von besonderem Interesse. Hierbei stellt allerdings auch die Betriebsgröße und die Branchenzugehörigkeit eine nicht zu unterschätzende Einflußgröße dar.

Die folgende Abbildung zeigt fünf unterschiedliche Vorgehensweisen, ohne auf die einzelnen Vor- und Nachteile einzugehen:

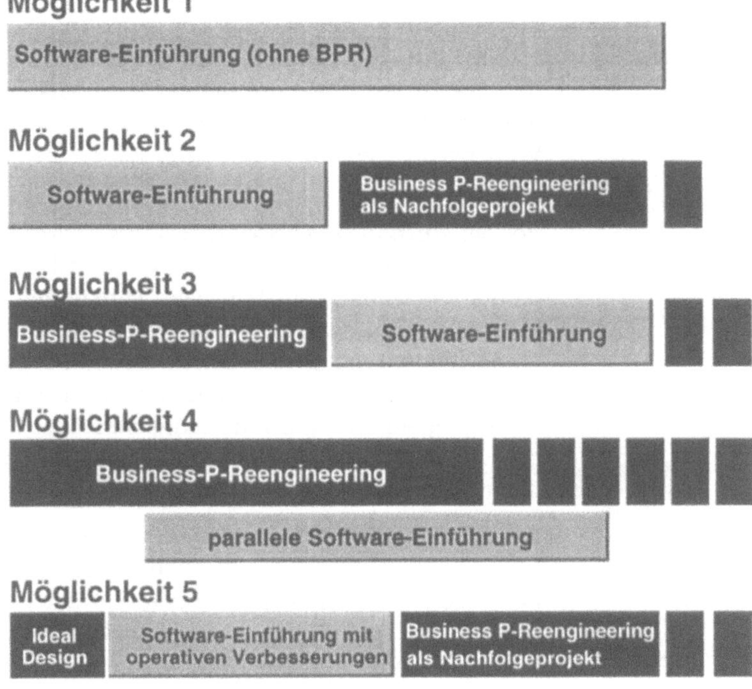

Abbildung 2.4: Zeitpunkt des Business Process Reengineering Quelle: basierend auf Uhink [43]

Trotz unterschiedlicher Ausrichtungen weisen BPR[1], TQM und Lean Management einige Gemeinsamkeiten auf: Die Kundenorientierung, das umfassende Qualitätsdenken, die Leistungsverbesserung, die Entwicklung der Mitarbeiter, die Dezentralisierung der Kommunikations- und Entscheidungsstrukturen und als zentraler Gedanke die Prozeßorientierung.

---

[1] Einer Befragung der Unternehmensberatung der Software AG vom Juli 1996 bei 940 der umsatzstärksten Unternehmen Deutschlands aus 13 Branchen zufolge, haben bereits 74% der Betriebe BPR durchgeführt oder sind gerade dabei. 86% der Befragten beurteilen die Ergebnisse *„entsprechend den Erwartungen"* bis *„über alle Erwartungen gut"*. Die Auswertung zeigt zwei typische Ausrichtungen der BPR-Maßnahmen: Erstens Optimierungsprojekte, bei denen die Senkung der internen Kosten im Vordergrund steht; zweitens Projekte der Neugestaltung, wobei das Schwergewicht auf der Kundenorientierung liegt.

2.2.2 Analysemethoden

Die Geschäftsprozeßoptimierung verlangt in erster Linie die Ermittlung und Analyse der kritischen Geschäftsprozesse. Die Implementierung neuer oder angepaßter Prozesse kann nicht wahllos erfolgen, sondern vielmehr müssen mögliche Einsatzfelder spezifiziert und detaillierte Machbarkeitsstudien erarbeitet werden. Die drei im folgenden beschriebenen unterschiedlichen Vorgehensweisen zu diesem Ziel haben jeweils Vor- und Nachteile.

Bei der **Aufbauorganisationsanalyse** wird die bestehende Aufbauorganisation ausgehend von den Strukturen über Stellen bis zu den einzelnen Aufgaben bzw. Funktionen hinunter aufgelöst. Sind alle Aufgaben zusammengetragen, können sie in einem Flußdiagramm zu Prozeßketten zusammengesetzt werden. Bei diesem Vorgang werden - bei Bedarf auf unterschiedlichen Detaillierungsstufen - die Einzelaufgaben über Ereignisse miteinander verknüpft und dadurch die inhaltlichen und zeitlichen Abhängigkeiten der Einzelschritte untereinander sehr deutlich.

Bei der **Schwachstellenanalyse** versucht ein Projektteam durch bestimmte Fragestellungen verbesserungsbedürftige Prozesse herauszufinden. Hierbei ist die Kreativität der Beteiligten maßgeblich für den Erfolg verantwortlich. Diese Vorgehensweise befaßt sich aus Sicht des Unternehmens mit der Optimierung der Geschäftsprozesse. Drei Fragenkomplexe sind von Interesse[1]:

- **Funktionale / organisatorische Schwachstellen**
- **Organisatorische Alternativen**
- **Datenmäßige und DV-mäßige Schwachstellen**
  (Gibt es redundante, inaktuelle, inkonsistente, unvollständige, falsche Datenbestände?)

Dazu wurde der folgende Erhebungsbogen (siehe Abb. 2.5) entwickelt, der von den betreffenden Fachabteilungen beantwortet und anschließend ausgewertet werden kann.

[1] Die Fragen beruhen auf den Überlegungen und Vorschlägen der IDS Prof. Scheer GmbH.

Abbildung 2.5: Erhebungsbogen

Erhebungsbogen

zur Ermittlung von DV - Schwachstellen

Gibt es Abläufe, die ...

- ✎ mehrfach ausgeführt werden ? ____________________
- ✎ nicht ausgeführt werden ? ____________________
- ✎ noch nicht definiert sind ? ____________________
- ✎ in falscher Reihenfolge ausgeführt werden ? ____________________
- ✎ zu langsam sind ? ____________________
- ✎ viele unterschiedliche Stellen durchlaufen ? ____________________
- ✎ unvollständig sind ? ____________________
- ✎ ins Leere laufen ? ____________________
- ✎ unterschiedliche Werkzeuge benötigen ? ____________________
- ✎ man organisatorisch ganz anders lösen müßte ? ____________________
- ✎ von der DV unzureichend unterstützt werden ? ____________________
- ✎ häufige Medienbrüche /-wechsel oder Übergänge zu Fremdsystemen (auch manuell) durchlaufen ? ____________________
- ✎ eine Mehrfacherfassung erfordern ? ____________________
- ✎ unzureichend integriert sind ? ____________________

Auch das durch SAP entwickelte **R/3-Referenzmodell** kann bei der Analyse zur Geschäftsprozeßoptimierung wertvolle Dienste leisten. Es beschreibt auf einer betriebswirtschaftlichen Ebene den Leistungsumfang und die Geschäftsprozesse der SAP-Standardanwendungen im R/3-System. Diese Informationen helfen, die in den Prozessen möglichen Varianten und Integrationszusammenhänge zwischen den Anwendungen zu erkennen und dadurch ein tieferes Verständnis für die ablaufenden Prozesse zu entwickeln. Außerdem können Punkte, an denen Übergänge zu anderen Systemen geschaffen werden müssen, einfacher identifiziert werden.

Der R/3-Funktionsumfang wird mit den Referenzmodellen grafisch dargestellt und offengelegt. Darüber hinaus können sie zur Beschreibung der Unternehmensorganisation sowie unternehmensspezifischer Informationssysteme eingesetzt werden. Im Gegensatz zur Schwachstellenanalyse geht dieser Ansatz von der R/3-Funktionalität aus, d. h. von den Prozessen, die von der SAP zur Verfügung gestellt werden.

Tabelle 2.2: Beispiel einer Prozeßauswahlmatrix Quelle: [3]

Szenarioprozesse / **Hauptprozesse**	Lagermaterial-Abwicklung	Verbrauchs-material-Abwicklung	. . .
Anfragenbearbeitung	Lieferantenanfrage-Bearbeitung	. . .	. . .
Angebotsbearbeitung	:		
:	:		

Die einzelnen Prozesse werden in einer sog. Prozeßauswahlmatrix dargestellt. Innerhalb dieser Matrix wird zwischen Hauptprozessen und Szenarioprozessen unterschieden.

Im Schnittpunkt stehen die einzelnen Prozeßketten, die aus unterschiedlichen Perspektiven (Prozeßsicht, Funktionssicht, Informationsflußsicht, Datensicht, Organisationssicht, Kommunikationssicht) betrachtet werden können.

Die Referenzmodelle sollen helfen, die intuitive Reorgansiation (chaotische Ebene) von Strukturen und Abläufen zu verlassen und zu einem ingenieurmäßigen Entwurf des Geschäftssystems zu gelangen. Fehlende funktionale Abdeckung soll leicht festgestellt und die Integration von Informationsflüssen auf Vollständigkeit und Schnittstellen hin untersucht werden können. Allerdings spricht besonders diese Vollständigkeitsprüfung gegen die Prozeßmodellierung auf Basis eines Referenzmodelles, da firmenspezifische Problemstellungen keine Berücksichtigung finden. Die Qualität der vorgedachten Referenzmodelle einerseits ist maßgeblich für die eigene Prozeßqualität verantwortlich und andererseits bleibt die Frage, welche Prozesse unvollständig oder lückenhaft sind, in vielen Fällen unbeantwortet. Sinz spricht in diesem Zusammenhang von der „Kunst des Modellierens“[23], deren Ergebnis kaum objektiv nachprüfbar ist. Wenngleich Qualitätsmerkmale für die Modellierung bestimmbar sind, ist die Überprüfung der Einhaltung dieser Kriterien durch Subjektivität und große Freiheitsgrade bei der Abbildung schwer möglich.

2.3 Workflow-Management-Systeme

Workflow-Management-Systeme sind derzeit noch nicht hinreichend definiert. So kommt es zu unterschiedlichsten Auslegungen dieses Begriffes. Beispielsweise gilt Dokumentenmanagement, bei dem elektronisch Dokumente zwischen Sachbearbeitern weitergeleitet werden, häufig schon als Workflow; ganz zu schweigen von Mail-Systemen, die lediglich Dokumente an verschiedene User-Ids verschicken. Eine Auswahl von verschiedenen Definitionen sei im folgenden aufgeführt:

Definitionsversuche

Als deutschsprachiges Äquivalent für Workflow wird der Begriff Vorgangsverarbeitung verwendet[44].

Ein Workflow-System ist ein Hintergrundprozeß, der aufgrund einer definierten Verarbeitungstopologie weiß, welche Schritte nach Beendigung jedes Prozeßschrittes durchzuführen sind[14].

Workflow-Systeme stellen eine möglichst anwendergerechte Benutzeroberfläche bereit, die betriebsrelevante Vorgänge abbildet und in der der Begriff Dokument eine zentrale Rolle spielt[1].

Ein Workflow-System soll die verschiedenen Sachbearbeitungsvorgänge automatisieren und steuern. Unterschiedlichste Arten von Informationen werden strukturiert abgelegt und dem Sachbearbeiter automatisch durch das System am Arbeitsplatz zur

Verfügung gestellt oder DV-Anwendungen werden automatisch gestartet[9].

Von Workflow-Systemen wird eine „aktive, selbständig arbeitende, überwachende, kontrollierende und entscheidende Software erwartet, die dem Anwender Routineaufgaben abnimmt, ständig wiederkehrende Vorgänge abwickelt und die Verbindung schafft zwischen Textverarbeitungssystemen, Tabellenkalkulation, Masken und Datenbanken"[32].

Ein Workflow-System muß anwendungsübergreifende und plattformübergreifende Steuerung von Prozessen ermöglichen [14].

Ein Workflow-System ist ein Werkzeug zur Unterstützung des Arbeitsflusses im Unternehmen, das als Modell der Geschäftsprozesse definiert ist [vgl. Tschira, K.: Ist „Corporate Fitness" zu verwirklichen?; Vortrag auf der SAPPHIRE in Wien; 1996, enthalten auf [44]].

Workflow-Systeme stellen eine Integrationstechnik der arbeitsplatzverbindenden Vorgangssteuerung dar. Sie ermöglichen die ganzheitliche Unterstützung kompletter Geschäftsvorgänge[43].

Ein Workflow-System entschlackt Arbeitsabläufe und steuert die Vorgangsakten aktiv[28].

„A Workflow Management System is one which provides procedural automation of a business process by management of the sequence of work activities and the invocation of appropriate human and/or IT resources associated with the various activity steps"([16] Seite 7).

Beschränken sich die ersten Definitionen auf den rein technischen Aspekt, nämlich in erster Linie darauf die bisher manuelle Weiterleitung von Vorgangsakten zu automatisieren, so spielen in den letzten Definitionen die Begriffe *„aktiv"*, *„ganzheitlich"* und *„Geschäftsvorfälle"* die bedeutende Rolle. Auf die Spitze treibt es die Aussage, die Workflow-Systeme als Wegbereiter zur Entschlackung von Arbeitsabläufen sieht.

Um eine gemeinsame Ausgangsbasis zu schaffen, sollen folgende abstrahierte Kernleistungen den Begriff **Workflow-System** umschreiben:

Basisdefinition des Workflow-Systems

> Ein Workflow-System stellt den beteiligten Mitarbeitern alle benötigten Informationen und Unterlagen zeit- und bedarfsgerecht an ihren elektronischen Arbeitsplätzen zur Verfügung, automatisiert Informations- und Prozeßflüsse, verknüpft Arbeitsschritte aktiv und berücksichtigt organisatorische Strukturen.

Im Mittelpunkt der Betrachtung steht primär die Unterstützung der betrieblichen Ablauforganisation durch softwaregesteuerte Dienstleistungen. Daß die Automatisierung alleine nicht als Allheilmittel dienen kann, haben zahlreiche erfolglose Projekte bereits bewiesen. Vielmehr müssen zuvor organisatorische Aspekte Berücksichtigung finden. Die Strategie heißt Loskommen vom tayloristischen, abteilungsgeprägten Spezialistendenken hin zu ganzheitlichen, prozeßorientierten Abläufen. Anschließend gilt es, die anfallenden Arbeitsschritte, die zu bearbeitenden Daten und die beteiligten Personen unter Mitwirkung des Workflow-Systems zu koordinieren.

Workflow-Management ist also ein ganzheitliches Konzept, das von der Definition über die Steuerung bis zur Kontrolle von Geschäftsprozessen reicht. Aber Vorsicht: Auch wenn bei diesem Konzept zweifelsfrei Geschäftsprozesse im Vordergrund stehen, darf Workflow-Management keinesfalls mit Business Process Reengineering in einen Topf geworfen werden, denn BPR beschäftigt sich primär mit der Führungsorganisation und den Ressourcen eines Unternehmens, wo hingegen sich das Workflow-Konzept eine Ebene tiefer mit den operativen Abläufen beschäftigt.

Da ein Geschäftsprozeß durch Schnittstellen geprägt ist (siehe Kapitel 2.1), erschließen Workflow-Systeme zusätzliche Optimierungsmöglichkeiten, wenn sie mit anwendungs- und plattformübergreifenden Techniken komplette Geschäftsprozesse nach unternehmensspezifischen Bedürfnissen unterstützen und beschleunigen. Die Nutzung inkompatibler Anwendungssysteme in den verschiedenen Fachabteilungen hat Informationsinseln geschaffen und damit papierbasierten Informationen eine Bindegliedfunktion zugewiesen. Bisher konnte durch die Einführung neuer Bürokommunikationstechniken weder die Papierflut im Büro eingedämmt, noch ein wesentlicher Produktivitätszuwachs verzeichnet werden, sondern beide Aspekte verschlechterten sich eher.

Durch die elektronische Steuerung der Vorgangsakten fördern Workflow-Systeme die Umsetzung der Idee des papierlosen (papierarmen) Büros, das auf die Verwendung von papiergebundenen Akten verzichtet und sie durch Dokumente in elektronischer Form ersetzt.

Grafische Prozeßmodellierung beschleunigt die Optimierung

Durch die Möglichkeit von Workflow-Systemen, Geschäftsprozesse in grafischer Form plastisch abzubilden, entstehen wesentliche Nutzenpotentiale auf dem Weg zur Prozeßorientierung. Die Komplexität von Informationsverarbeitungskonzepten führt oft dazu, daß Spezifikationen in Form von Text oder Tabellen nur sehr schwer verständlich sind. Grafische Modelle, die insbesondere ablauforganisatorische Aspekte zur Optimierung von ganzheitlichen Geschäftsprozessen einfach, klar und übersichtlich zeigen, können hier ein wirkungsvolles Hilfsmittel sein. Die für ein Unternehmen relevanten Funktionen können damit schneller ermittelt, Systemerweiterungen klarer abgegrenzt und sogar Anwenderschulungen durchgeführt werden. Die Flußdiagramme können mithin als Qualitätssicherungssystem für Büro- und Verwaltungstätigkeiten fungieren und somit eine wesentliche Grundlage für die ISO 9000 ff-Dokumentation bereitstellen. Die Abläufe werden leichter durchschaubar und damit auch leichter an sich verändernde Marktsituationen anpaßbar; ein Thema, das mit zunehmendem Konkurrenzdruck immer wichtiger wird.

Durch statistische Auswertungen von abgeschlossenen Geschäftsprozessen durch das Workflow-System und Trendbetrachtungen kann Klarheit über Kosten und Effektivität von Prozessen gewonnen werden. Die daraus resultierenden Fakten der betriebswirtschaftlichen Realität bilden die Grundlage für Analysen. Ist etwa der durchschnittliche Zeit- und Kostenanteil zur Abwicklung eines Geschäftsprozesses zu hoch, liegt ein klarer Hinweis für durchzuführende Reorganisationsmaßnahmen vor. Das Workflow-System dient hier als treibende Kraft bei der evolutionären Geschäftsprozeßoptimierung und kann als ein Schlüssel zur Prozeßinnovation betrachtet werden.

Abbildung 2.6: Evolution eines Geschäftsprozesses

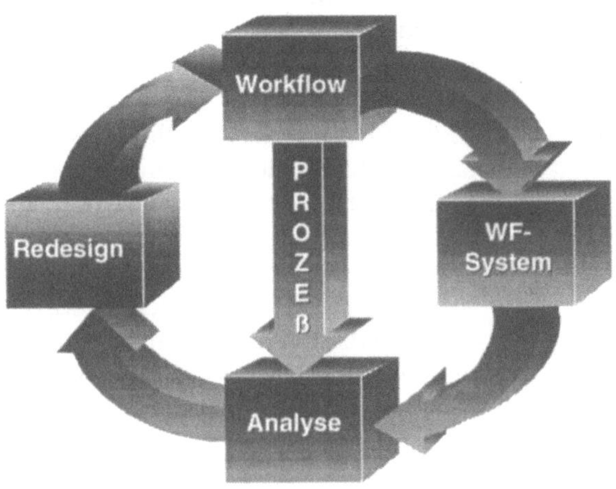

Mitarbeiter als Potential nutzen

Ohne grundlegende Aufklärung der Mitarbeiter dürfte auch eine intelligente Workflow-Lösung zum Scheitern verurteilt sein. Entscheidend ist die Bereitschaft, eingefahrene Denk- und Verhaltensmuster zugunsten neuer Organisationsideen aufzugeben. Auch hier genügt nicht allein die Technik, sondern die Mitarbeiter müssen damit umgehen, arbeiten und gemeinsam eine neue „Workflow-Kultur" schaffen. Weiterhin besteht die Gefahr, die Entscheidungskompetenz bzw. den Einfluß der Mitarbeiter auf den Geschäftsprozeß einzuschränken. Die Praxis hat bereits gezeigt, daß bestimmte Ansätze der Steuerung nicht praktikabel sind. Es gibt immer wieder Geschäftsvorfälle, bei denen manchen Mitarbeitern in einem bestimmten Rahmen die Steuerung überlassen bleiben sollte[9].

Standardisierung wird vorangetrieben

1993 wurde die WfMC (Workflow Management Coalition) gegründet. Sie ist eine internationale, gemeinnützige Vereinigung der führenden Workflow-Entwickler, -Anwender und -Analysten. Ziel der WfMC ist es, die Verwendung der Workflow-Technologie durch die Definition von Standards für die Workflow-Terminologie, Interoperabilität und Konnektivität zwischen Workflow-Systemen zu fördern. Sie hat zur Zeit über 180 Mitglieder und hat sich rasch als wichtigstes Standardisierungsgremium dieses schnell expandierenden Softwaremarktes etabliert. Da derzeit standardisierte Workflow APIs (WAPI) noch nicht vollständig verfügbar sind, veröffentlichen einige Hersteller (darunter auch SAP) eigene Schnittstellen. Durch diese Offenheit können Kunden zwar bereits heute ihre Systeme an Workflow-

Systeme anbinden, unterschiedliche Schnittstellen zwischen verschiedenen Workflow-Systemen können jedoch nicht ausgeschlossen werden. Aus diesem Grunde arbeitet die WfMC intensiv an der weiteren Spezifikation von Standards. Die Workflow-APIs sollen offene Workflow-Systeme definieren, die sich sowohl leicht untereinander verbinden als auch individuell erweitern lassen. Es ist bereits erkennbar, daß Workflow-Funktionen zukünftig als Basisfunktionalität für Anwendungssoftware in darunterliegenden Softwareschichten (Middleware) zu finden sein werden. Ferner gibt es Überlegungen, Workflow-Systeme zusammen mit Datenbanken und Email-Systemen in eine Art Netzwerkanwendung zu integrieren, die das Netz (insbesondere auch das Internet) zum virtuellen Computer machen würde[38].

Workflow Management Reference Model

Unter dem Namen *„Workflow Management Reference Model"* wurden bisher fünf Interfaces veröffentlicht:

1. ***Process Definition Services***: In diese Kategorie fällt die Anbindung von Werkzeugen zur Definition von Prozessen und ein damit verbundener Austausch der Prozeßdefinition.
2. ***Workflowclient Applications***: Diese Kategorie umfaßt den standardisierten Aufruf von Funktionen eines Workflow-Systems, um beispielsweise den Arbeitsvorrat eines Sachbearbeiters zu erzeugen.
3. ***Invoked Applications***: Darunter werden Standards zusammengefaßt, die den direkten oder über einen sogenannten Tool-Agent vermittelten Aufruf von externen Anwendungen (z. B. Email, Dokumentensuche etc.) betreffen.
4. ***Interoperability***: Dazu gehören Standards, die eine Interoperabilität heterogener Workflow-Systeme untereinander ermöglichen.
5. ***Monitoring & Administration***: Diese Kategorie umfaßt die Festlegung von Monitoring- und Kontrollfunktionen eines Workflow-Systems sowie die Definition einer diesbezüglichen Schnittstelle.

Die Heterogenität der am Standardisierungsprozeß beteiligten Mitglieder des WfMC stellt sicher, daß die verschiedenartigsten Anforderungen in den Standardisierungsprozeß einfließen. Dadurch steigt zum einen die Qualität der Standards, zum anderen kann der Anwender von einer breiten Herstellerbasis ausgehen, die diese Standards in ihren Produkten berücksichtigt.

Somit ist es Unternehmen möglich, die Workflow-Technologie inkrementell einzuführen, ohne daß isolierte Insellösungen der Geschäftsprozeßautomatisierung beim Einsatz von Workflow-Produkten entstehen.

2.4 Ziele von Workflow-Systemen

Globale Unternehmensziele wie stärkere Kundenorientierung, schnellere Durchlaufzeiten und höhere Qualitätsanforderungen führen zu umfangreichen Aktionen und Reorganisationsmaßnahmen in den Betrieben.

Viele Unternehmen strukturieren ihre Geschäftsprozesse neu oder haben dies erfolgreich abgeschlossen. Gleichzeitig haben sie sich für die Einführung oder Ausbreitung von integrierter Standardsoftware entschieden. Workflow ist der logisch nächste Schritt, um die Erfolge der Geschäftsprozeßgestaltung im Unternehmen dauerhaft umzusetzen.

Workflow kontra Geschäftsprozeß

Workflows und Geschäftsprozesse beschreiben mit unterschiedlicher Zielsetzung denselben Untersuchungsgegenstand: Betriebliche Systeme. Workflow-Systeme sollen helfen, die Durchlaufzeiten und Kosten der Geschäftsprozeßabwicklung zu verringern sowie die Transparenz und Qualität zu steigern. Im Fokus steht die Abwicklung von administrativen Tätigkeiten. Workflow-Systeme sind das entscheidende Instrumentarium, um Verwaltungsprozesse zu automatisieren, zu rationalisieren, aktiv zu steuern und somit effizienter zu gestalten.

Allerdings sind Workflow-Systeme alleine kein Garant für schlankere Geschäftsprozesse. Wenn jedoch mit der Einführung von Workflow-Systemen Hand in Hand eine organisatorische Neuorientierung erfolgt, sind die Voraussetzungen geschaffen, um flexibel anpaßbare und effektive Geschäftsprozesse zu entwickeln.

Workflow-Systeme verändern aber nicht nur die Arbeitsabläufe, sondern auch das Verhältnis zwischen Unternehmen, Umwelt und Mitarbeitern. Die neue Technik wirkt somit tief in das Unternehmen hinein und ist mit Bedacht und Sorgfalt umzusetzen.

Die folgenden Zitate sind Erwartungen an den Workflow-Einsatz, die im Rahmen von Einführungsprojekten immer wieder genannt wurden:

- ***„Unsere Philosophie ist, dem Kunden zu vermitteln, daß seine Anfrage in ernsthafter, verantwortungsvoller, effektiver und effizienter Weise behandelt wird."***

- ***„Wir möchten unsere Kunden flexibel bedienen. ...
Wir nutzen flexible Technologien und flexible Produktionszeiten, um auf kurzfristige Anfragen reagieren zu können."***

- ***„Qualität und Verläßlichkeit unserer Produkte haben eine hohe Priorität. Qualität schafft Zufriedenheit. Die Definition von Qualität ist kundenspezifisch."***

Es handelt sich ausnahmslos um hochgesteckte Ansprüche mit hoher Kundenorientierung. Doch Kundenorientierung ist teuer. Jeder Manager wird gegenrechnen wollen, welchen Nutzen Servicemaßnahmen tatsächlich bringen. Honoriert der Kunde solche Maßnahmen mit zusätzlichem Umsatz? In diesem Zusammenhang ist insbesondere der Aufwand gefragt, der betrieben werden muß, um Geschäftsprozesse mit der Workflow-Technologie zu unterstützen. Auf diesen Aspekt wird im letzten Kapitel nochmals deutlich eingegangen.

Anforderungen an das System im Mittelstand

Die Stärke des Mittelstandes äußert sich maßgeblich in einer hohen Flexibilität. Diese weiter auszubauen und zu stärken muß das Ziel sein, um im Wettbewerb weiter bestehen zu können. In mittelständischen Unternehmen läuft eine Workflow-Einführung in der Regel in zwei Stufen ab. In vielen Fällen werden - milde gesagt - recht frei definierte Geschäftsabläufe angetroffen. Oftmals wird eine relative Unorganisiertheit des Unternehmens getragen durch sehr einsatzfreudige und kreative Mitarbeiter. Nicht zuletzt resultiert daraus auch die hochgeschätzte Flexibilität. Leiden bei dieser *Arbeiten-auf-Zuruf*-Organisation allerdings kritische Geschäftsprozesse, wird nach schnellen Lösungen gesucht.

So tastet man sich vorerst mit kleinen Workflow-Lösungen an das Thema heran. Einzelne Schwachstellen werden aufgedeckt und mit Workflow-Funktionalität versehen. Im ersten Schritt handelt es sich i. d. R. um Möglichkeiten, bisher weitgehend unkoordinierte, den weiteren Ablauf hemmende Vorgänge schnell und sicher abwickeln zu können.

Hier besteht natürlich die Gefahr, daß durch solche *„Schnellschüsse"* keine echten Produktivitätszuwächse für das Unternehmen erzielt werden. Während der Beschäftigung mit dem Thema Workflow wächst in den Unternehmen aber auch die Beschäftigung mit der Aufbau- und Ablauforganisation; ein Umdenkprozeß wird ausgelöst. Plötzlich werden Arbeitsgruppen oder sogar Organisationsabteilungen geschaffen, die sich darüber Gedanken machen, wie Arbeitsabläufe optimiert werden könnten und wie sich dadurch die Kosten senken ließen. Zu diesem Zeitpunkt werden neue Workflow-Themen in der richtigen Art und Weise diskutiert. Grundlage muß eine ganzheitliche, prozeßorientierte, abteilungsübergreifende Denkweise sein. Nur unter dieser Voraussetzung können Workflow-Projekte tatsächlich zur Effizienzsteigerung eines Unternehmens beitragen.

Mit welchen Funktionalitäten ein Workflow-System die geforderten Leistungen erbringen kann, zeigt die folgende Tabelle im Überblick:

Tabelle 2.3: Workflow-Funktionalitäten

Leistung	Funktion
Beschleunigung der Abläufe durch Reduzierung von Transport- und Liegezeiten	Elektronischer Transport von Informationen und Dokumenten
Dynamische Prozeßablaufsteuerung	Aufgabensteuerung und -zuordnung innerhalb von Prozeßketten
Wiedervorlageersatz und Überwachung der Bearbeitungszeiten	Überwachung von Terminen und Fristen
Verringerung des Papieraufkommens	Objektorientierte Archivierungsmöglichkeiten
Verringerung der starken Arbeitsteilung	Prozeßorientierung
Stärkung der ganzheitlichen Denkweise und Eigenverantwortung der Mitarbeiter	
Stärkere Transparenz von Abläufen und Informationen	Grafische Darstellung von Prozessen
Prozeßdokumentation	
ISO 9000ff Grundlage	

2.5 Marktübersicht

Der Markt für Workflow-Systeme ist groß und ohne Hilfe kaum noch zu überschauen. Die Auflistung von Anbietern und Produkten soll zeigen, welche Produkte zur Zeit (Stand Juli 1998) auf dem Markt geführt werden.

Tabelle 2.4: Marktübersicht [29a]

Anbieter	Produkt	Funktionalität: Analyse, Modellierung Simulation, Optimierung	Funktionalität: Entwicklung und Produktion operativer Anwendungen	Funktionalität: Dokumentenmanagement, Archivierung, Bürokomm.
BIW	Brain-Wokflow	O	O	O
Böhm/openinfo AG	ProFlow	O	O	
COI	Business-Flow	O	O	O
Fraunhofer	Referenzprozeß Selbstorganisation (FlowMark, Lotus Notes)			O
Geac	SmartStream	O	O	O
IBM	Business Process Modeler	O		
IBM	FlowMark		O	
ICN	ICN Vorgangsbearbeitung		O	O
IDS	ARIS-Toolset	O	O	
ipro	AENEIS	O		
Kluge & Partner	Lotus Notes R_4		O	O
LION	Leu	O	O	O
LION	LEU Smart	O		
MID	INNOVATOR Business Workbench	O	O	
M.I.S	DOCs Open			O
M.I.S	WorkMAN			O
Mummert+ Partner	IDASS		O	
Mummert + Partner	GMP		O	
ÖDAV	HICOS		O	
ONEstone	proZessware	O	O	
Oracle	Oracle Workflow	O	O	O
PAVONE	GroupFlow	O	O	O

Tabelle 2.4:
(Fortsetzung)

Anbieter	Produkt	Funktionalität: Analyse, Modellierung Simulation, Optimierung	Funktionalität: Entwicklung und Produktion operativer Anwendungen	Funktionalität: Dokumentenmanagement, Archivierung, Bürokomm.
Peoplesoft	Peoplesoft Application Workflow	O	O	
PROMATIS	INCOME Workflow	O	O	
Ramco Systems	Marshal Enterprise Management System	O	O	
SAG	ENTIRE Workflow		O	
SAP	Business Workflow	O	O	O
SiFrame	SiFrame		O	
Software-Ley	COSA	O	O	O
Staffware	Staffware		O	
SWT	SWT / GVM	O		
SYMANTEC	FORMFLOW			O
UBIS	Bonapart	O		
Xerox Xsoft	InConcert		O	

Die unterschiedliche Ausprägung der Funktionen in den einzelnen Produkten zeigt ganz deutlich, wie uneinheitlich die Hersteller derzeit noch mit dem Thema Workflow umgehen. Auch wenn über die Komponenten eines Workflow-Systems noch weitgehend Einigkeit besteht, können darüber hinaus zwei grundsätzlich unterschiedliche Ansätze von Workflow-Produkten unterschieden werden: Prozeßorientierte Workflow-Systeme werden für Geschäftsprozesse verwendet, die exakt definiert sind. Ad-hoc-orientierte Workflow-Systeme werden bei schlecht definierbaren, unstrukturierten Vorgängen eingesetzt.

Kapitel 3

Steuerung von Geschäftsprozessen mit SAP R/3

Überblick

BOR, Methode, Container, Workitem, BAPI - Begriffe, Begriffe, Begriffe ...

Dieses Kapitel bringt Licht in das Dunkel vieler neuer Ausdrücke und Komponenten des SAP Workflow-Systems. Ausgehend von der Darstellung der Systemarchitektur wird das Zusammenspiel der Komponenten zur Laufzeit aufgezeigt. Durch die Beschreibung der Leistungsfähigkeit des Workflow-Systems wird der Leser in die Lage versetzt, die betriebswirtschaftlichen Einsatzmöglichkeiten selbst bewerten zu können.

Ein abschließender Abschnitt gibt Kriterien an die Hand, die bei der Einsatzbeurteilung berücksichtigt werden sollten.

3 Steuerung von Geschäftsprozessen mit SAP R/3

SAP Basisdienste und das SAP Business Workflow-System

Die R/3-Anwendungen zeichnen sich durch eine integrierte Abwicklung der Geschäftsprozesse aus[10]. Wesentliche Pfeiler dieser Integration sind die zentralen Datenbanken. Der durch sie hergestellte hohe Kopplungsgrad zwischen den Abläufen verschiedener Fachbereiche führt dazu, daß Veränderungen des Datenmodells in der Regel mit anderen Stellen abgestimmt werden müssen. Auch Stellen, die sich traditionell eher fremd sind - wie beispielsweise Produktion und Buchhaltung - werden durch die Verknüpfung von Material- und Wertefluß davon abhängig, sich gegenseitig korrekt mit Daten zu bedienen. Zwangsmechanismen zur Sicherung der Datenkonsistenz führen zu zahlreichen Rückfragen oder Blockaden. Qualifikationsanforderungen an die Mitarbeiter und Anforderungen an die Disziplin, die formelle Organisation einzuhalten, nehmen zu. Improvisation und Schnellschüsse können massive Störungen nach sich ziehen. Beispielsweise kann folgende Situation entstehen: Fertige, dringend auszuliefernde Produkte stehen den ganzen Tag im Versandlager; weil noch Rückmeldungen aus der Fertigung ausstehen, verweigert das System den Ausdruck von Lieferschein und Faktura.

Datenintegration und Prozeßintegration

Gegenüber dieser statischen Sicht auf die Organisation sollen sogenannte ereignisgesteuerte Prozeßketten bzw. ihre Verknüpfung im Workflow-System die Dynamik im Unternehmen modellieren. Nach der Datenintegration folgt somit die Prozeßintegration mit Hilfe des SAP Business Workflow-Systems. Dieser Teil stellt die Workflow-Philosophie der SAP und deren Basisdienste vor, die dann im daran anschließenden Teil in einer praktischen Aufgabenstellung zum Einsatz kommt.

3.1 Basisdienste für SAP Business Workflow

Um SAP Business Workflow einsetzen zu können, sind u. a. Softwarekomponenten erforderlich, die die elektronische Weiterleitung von Informationen und die Erkennung von Veränderungen im System ermöglichen. Da es sich hierbei um grundlegende Basisdienste handelt, werden sie unabhängig vom eigentlichen Workflow-System vorgestellt.

3.1.1 SAPoffice

SAP Bürokommunikationssystem

SAPoffice ist eine vollständig in das R/3-System integrierte Bürokommunikationslösung, die auf einer offenen, objektorientierten Technologie basiert. SAPoffice deckt alle Anforderungen an ein eigenständiges Mail-System[1] ab. Benutzer des R/3-Systems arbeiten in der ihnen vertrauten Umgebung und ihre betriebswirtschaftlichen Anwendungen werden mit den benötigten Bürofunktionen unterstützt. SAPoffice dient somit als Träger- und Transportmedium von Dokumenten, Mitteilungen usw.

Daneben steht ein Ablagesystem zur Verfügung, in dem die Dokumente in Mappen verwaltet werden können. Es wird unterschieden zwischen der **Persönlichen Ablage** und der **Allgemeinen Ablage**. Die Mappen der persönlichen Ablage sind benutzerspezifisch, d. h. nur der Benutzer selbst darf auf diese zugreifen. Die Mappen der allgemeinen Ablage können allen Benutzern zugänglich sein oder aber definierten Benutzern und Benutzergruppen einen gemeinsamen Zugriff auf Dokumente ermöglichen. Letzteres unterstützt - ebenso wie das Erledigungskonzept und die Verteilerlisten - die Gruppenarbeit.

Schnittstellen zu anderen Bürosystemen und -komponenten sind vorhanden. So können externe Dienste etwa über die Telematikdienste, X.400 oder Internet angebunden werden. Andere SAP-Systeme können über die SAP*comm*-Schnittstelle erreicht werden, andere Mail-Systeme sind über die MAPI-Schnittstelle anbindbar.

Die Dokumente können sowohl mit SAP- als auch mit PC-Editoren erstellt werden. Somit stellt ein Dokument lediglich ein Objekt eines bestimmten Objekttyps dar und muß nicht zwingend auch Dokument im klassischen Sinne sein. An Dokumente können Anlagen gehängt werden. Zudem können archivierte Dokumente und eingehende Faxe verwaltet werden.

---

[1] Ein Mailsystem enthält i. d. R. Funktionen, um Dokumente intern und extern zu versenden, wiedervorzulegen, weiterzuleiten, zu beantworten. SAPoffice hat darüber hinaus noch folgende Funktionalitäten:

- Setzen von Empfängerpriorität, Status- und Sendeattributen, Empfangsinformationen, Briefwechselinformationen,
- Persönliche Empfängerliste, Allgemeine Empfängerliste,
- Erledigungskonzept, Funktionales Vertreterkonzept,
- Externe Schnittstellen, Kommunikation mit SAPmail, Nachrichtensteuerung,
- Integration in betriebswirtschaftliche Anwendungen.

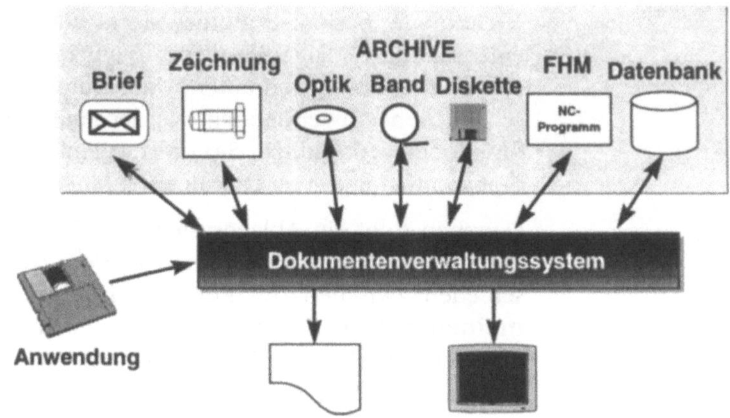

Abbildung 3.1: SAPoffice Dokumentenarten und -verwaltung Quelle: [43]

Nutzen für das Workflow-System

Für die Workflow-Funktionalität ist die elektronische Vorgangsverarbeitung von besonderem Interesse. Während bei der traditionellen Bearbeitung von Vorgängen oftmals eine papiergebundene Akte angelegt wird, die zwischen verschiedenen Sachbearbeitern bewegt wird und immer nur an einer Stelle verfügbar ist, ermöglicht die elektronische Vorgangsverarbeitung eine Minimierung der Transportzeiten und den gleichzeitigen Zugriff von mehreren Sachbearbeitern auf ein Dokument.

SAPoffice unterstützt dies durch die Möglichkeit, einem Dokument sogenannte Verarbeitungsparameter beizufügen. Durch diese Parameter kann beispielsweise durch Aufrufen des Dokumentes beim Empfänger automatisch eine Mitteilung erzeugt werden. An die Mitteilung kann eine Transaktion, ein Report, Dialogbaustein oder Funktionsbaustein geknüpft sein, die/der beim Empfänger automatisch gestartet wird, wenn er die Mitteilung verarbeitet.

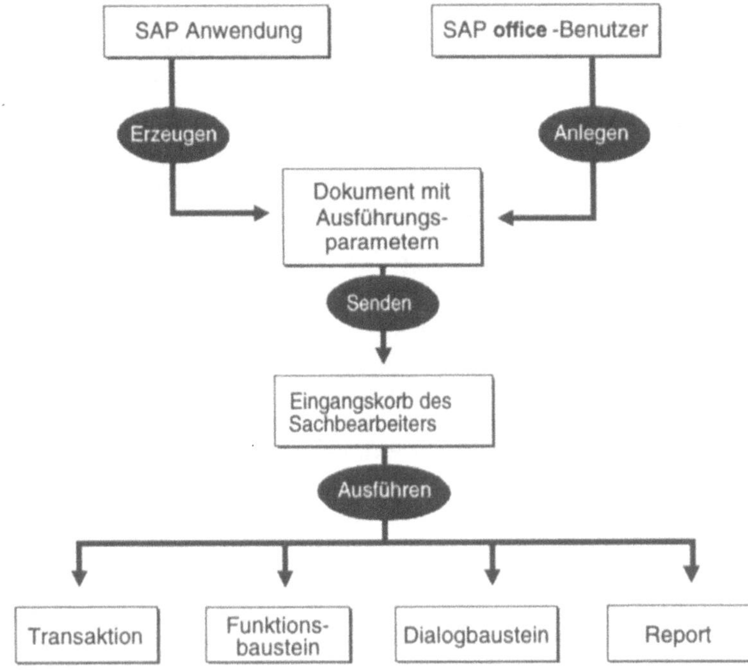

Abbildung 3.2:
Prinzip der Vorgangsverarbeitung
Quelle: [42]

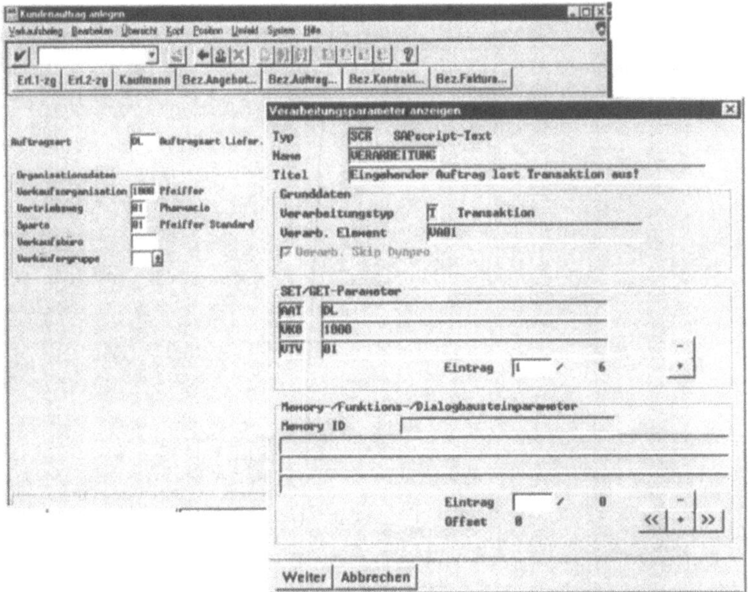

Abbildung 3.3:
Beispiel Vorgangsverarbeitung

Durch die dem Dokument angehängten Verarbeitungsparameter wird nach Aufruf des Dokumentes im Posteingang selbständig die *Transaktion VA01* (Kundenauftrag anlegen) aufgerufen und die entsprechenden Eingabewerte (SET/ GET-Parameter) des ersten Menüs gefüllt. Dem Anwender erscheint der Dialog zur Eingabe der Kundenauftragsdaten. Nach erfolgter Eingabe wird zum Posteingang zurückgekehrt.

Integrierter Posteingangskorb

Bei Nutzung des Workflow-Systems bildet der sog. *Integrierte Posteingangskorb* das zentrale Arbeitsmedium für die Anwender. Integriert nennt sich der Büroeingang, weil hier dem Benutzer alle persönlichen, elektronischen Eingänge direkt präsentiert werden. Hierbei kann es sich beispielsweise um gewöhnliche Emails, um Voice-Nachrichten oder auch um Workflow-Aufgaben (sog. Workitems) handeln. Im Standardsystem ist bereits eine Unterteilung dieser Gesamtsicht in unterschiedliche Bereiche (Office, Office ungelesen, Workflow usw.) vorbereitet. Jeder dieser Bereiche kann damit auch getrennt, quasi als spezieller Postkorb, über eine gesonderte Drucktaste erreicht werden. Mit Hilfe einer Filter- und Gruppierungsfunktion sind weitere solcher Drucktasten beliebig durch den Benutzer konfigurierbar. Sie erscheinen dann als persönliche Konfigurationen auf der rechten Seite des Einstiegsbildes.

Abbildung 3.4: Integrierter Posteingangskorb - Einstieg

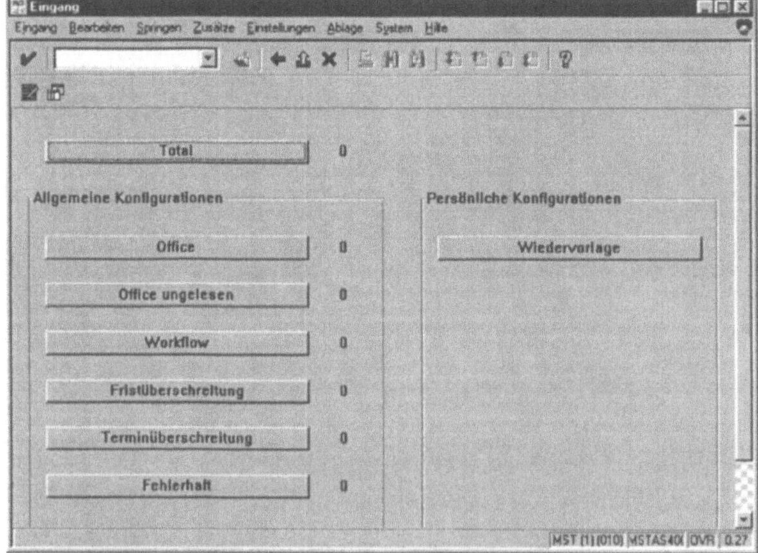

Die Sortierreihenfolge der eingehenden Nachrichten und die anzuzeigenden Zusatzinformationen (z. B. Status, Kurzbeschreibung, Erzeugungsdatum) können innerhalb jeder Drucktaste unterschiedlich definiert werden. Zusätzlich können die Spalten bei Workflow-Aufgaben aufgaben- und benutzerabhängig mit dynamisch zur Laufzeit bestimmten Inhalten gefüllt werden.

Beispiel

Bei allen Einträgen zur Aufgabe *„Materialstammsicht Buchhaltung pflegen"* werden im integrierten Eingangskorb zu den gewöhnlichen Spalten zusätzlich noch aufgabenabhängige Spalten wie etwa *„Buchungskreis"* und *„Werk"* angezeigt.

3.1.2 Nachrichtensteuerung

Im Rahmen der Vorgangsbearbeitung müssen Informationen zwischen unterschiedlichen Partnern ausgetauscht werden. Ziel der Nachrichtensteuerung ist es auch, anderen Anwendungen Schnittstellen für Folgeverarbeitungen zu bieten. Dazu werden verschiedene Datenkonstellationen und die dabei gewünschten Verarbeitungen beschrieben. Trifft in einer Anwendung eine dieser Datenkonstellationen zu, wird synchron oder asynchron die entsprechende Verarbeitung gestartet, die den Bezug zum Anwendungsobjekt hat. Diese Technik wird zum partnerbezogenen Informationsaustausch wie auch zum Starten von partnerunabhängigen Folgeverarbeitungen genutzt. Die Nachrichtensteuerung kann somit als Dienstleistungsprogramm für andere Anwendungen angesehen werden.

Die Nachrichtensteuerung kann individuell eingestellt werden

Da die Bedingungen, an die Programmaufrufe geknüpft sind, oftmals sehr komplex sind und von der individuellen Situation abhängen, wird ein Regelwerk benötigt, das auf bestimmte Zustände bzw. Datenkonstellationen angemessen reagieren und die Ausgabe von Nachrichten einsatzgebietsbezogen steuern kann. Realisiert wird dies durch ABAP/4-Funktionsbausteine. In Tabellen wird verwaltet, welche Programme die Folgeverarbeitungen übernehmen. Insbesondere kann die Nachrichtensteuerung zur Erzeugung von Ereignissen herangezogen werden. Diese Ereignisse fungieren anschließend als Auslösemechanismen für Workflows.

Um Regeln bzw. Bedingungen zu formulieren, werden Konditionen festgelegt und zur Laufzeit überprüft. Als Resultat ergibt sich ein Nachrichtenvorschlag, der entweder unverändert übernommen oder nochmals überarbeitet werden kann und einen definierten Nachrichtenstatus ergibt.

Die eigentliche Nachrichtenverarbeitung startet abhängig vom Status die korrespondierenden Programme.

Abbildung 3.5: Prinzip der Nachrichtensteuerung Quelle: [42]

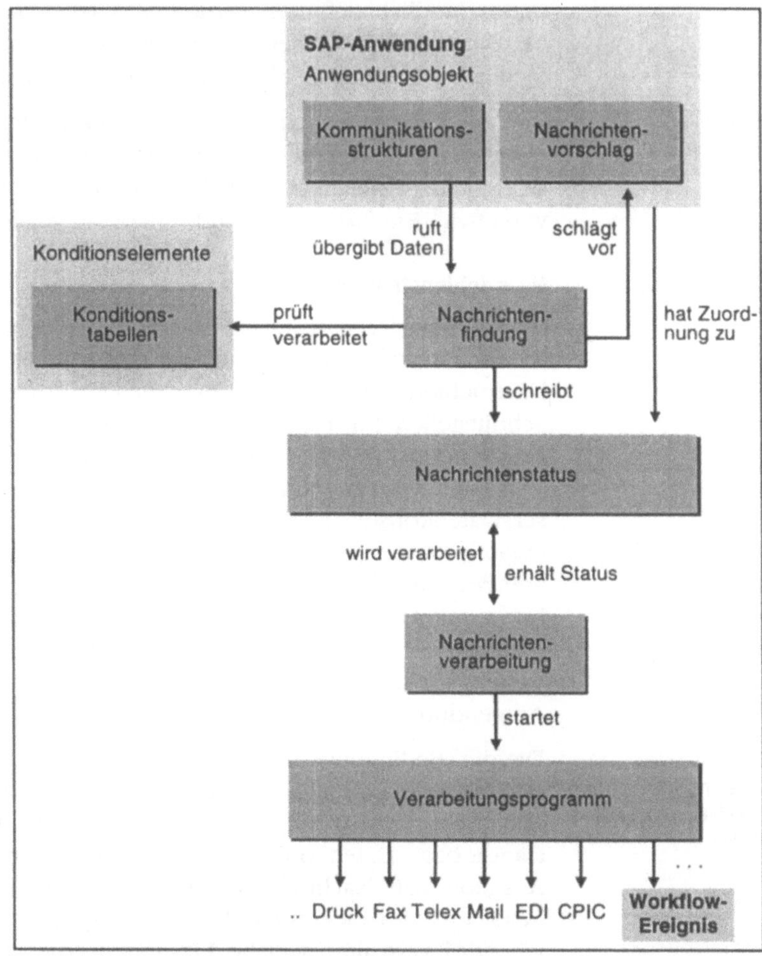

Der Einsatz der Nachrichtensteuerung erfordert die Pflege mehrerer Tabellen. In der Konditionstabelle - die die mit den Anwendungen (SD, MM ...) verbundene Konditionstechnik verwendet - wird die Datenkonstellation, die eine Nachricht auslösen soll, detailliert beschrieben. Die Ermittlung eines passenden Nachrichtenvorschlags erfolgt über eine mehrstufige Technik, für die weitere Tabellen (Konditionsschlüssel, Kommunikationsstrukturen, Applikationsfilter, Schema, Nachrichtenarten, Zugriffsfolge) zu pflegen sind. Schließlich ist in zusätzlichen Tabellen die Art der Verarbeitung (Fax, EDI etc.), der Versandzeitpunkt der Nachricht, der potentielle Partner der Nachricht und die entsprechende Funktion zu definieren.

3.1.3 Archivierung

Effizienzsteigerung durch elektronische Schriftstücke

Um Zeit- und Effizienzvorteile mit Hilfe eines Workflow-Systems umzusetzen, ist es von besonderem Interesse, den elektronischen Zugriff auf alle prozeßrelevanten Informationen zu gewährleisten. Damit werden Dokumentenmanagementsysteme in Verbindung mit elektronischen Archivsystemen zur Grundlage für den erfolgreichen Workflow-Einsatz. Wenn der Datenaustausch nicht nur unternehmensintern, sondern auch mit Kunden und Lieferanten elektronisch (beispielsweise per FAX, EDI, Email usw.) abgewickelt wird und die verbleibenden Schriftstücke digitalisiert und mit einem entsprechenden Vorgang verbunden werden, kann unter Zuhilfenahme eines Workflow-Systems die Idee des papierlosen Büros verwirklicht werden. Die Archivierung der elektronisch vorliegenden Dokumente muß dazu so organisiert werden, daß die Zeiten für Ablage und Auffinden der Schriftstücke minimiert werden.

Für diese optische Archivierung bietet SAP die Kommunikationsschnittstelle **ArchiveLink** an. Sie besteht aus drei Teilen:

- **Schnittstelle zu R/3-Anwendungen:** Dies ist in Form von Funktionsbausteinen (APIs) realisiert.
- **Schnittstelle zu optischen Archiven:** Optische Archive und Dokumentenmanagementsysteme werden von Fremdherstellern angeboten und können über diese Schnittstelle angebunden werden. Die Archivanbieter müssen ihre Systeme allerdings von SAP zertifizieren lassen.[1] Die Schnittstelle erlaubt den Anschluß von Dokumentview- bzw. Scanprogrammen und den eigentlichen Archivservern. Die ersten beiden Komponenten können auch über eine OLE-Automation angeschlossen werden, womit der Trend zur Anlehnung an Industriestandards zu erkennen ist.
- **Benutzeroberfläche:** Sie ermöglicht eine einheitliche Bedienung beim Ablegen, Anzeigen, Löschen, Weiterbearbeiten usw. der archivierten Objekte.

1 Im Oktober 1998 waren Archive von folgenden Herstellern zertifiziert: AIS GmbH, IBM, Infosoft GmbH, Digital Equipment, FileNet, iXOS GmbH, HP - iXOS, SER Systeme AG, SNI AG, Wang Software

Somit besteht ein Archivsystem im SAP-Umfeld aus zusätzlichen Hard- und Softwarekomponenten, was folgende Abbildung verdeutlicht:

Abbildung 3.6: Archivsystem in der R/3-Umgebung Quelle: [45]

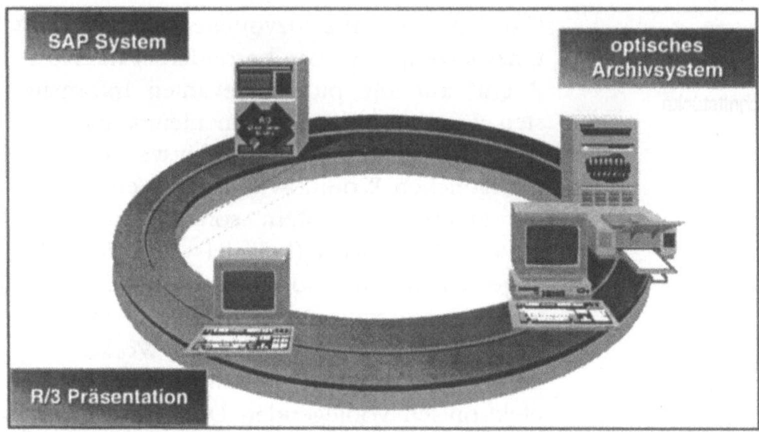

Zum schnellen Zugriff auf die gespeicherten Dokumente oder zur Vorsortierung besteht die Möglichkeit der Klassifizierung. Für unterschiedliche Dokumentenklassen können Dokumentarten definiert und somit eine hierarchische Ablagestruktur aufgebaut werden, die eine Auswertung der Dokumente ermöglicht.

Soll anstelle von Papier möglichst durchgängig die optische Archivierung umgesetzt werden, so ist aus organisatorischer Sicht der Zeitpunkt der Belegübernahme in das System von besonderem Interesse. Hier sind grundsätzlich drei Szenarien denkbar:

Organisationsmöglichkeiten der Belegerfassung

Frühes Erfassen: Ein eingehender Beleg wird von einer zentralen (Post-) Stelle gescannt und archiviert. Das Dokument dient fortan als Beleg.

Gleichzeitiges Erfassen: Ein eingehender Beleg wird vom Sachbearbeiter während der Bearbeitung gescannt und archiviert.

Spätes Erfassen: Ein eingehender Beleg wird erst am Ende der Bearbeitungskette im elektronischen Archiv abgelegt.

Das späte Erfassen bedeutet zwar den kleinsten Aufwand im Hinblick auf eine organisatorische Umstellung, jedoch ist auch die Effizienzsteigerung am geringsten, da für die Bearbeitung weiterhin Papier durch das Unternehmen wandert und erst am Schluß im Dokumentenmanagementsystem landet. Der größere organisatorische Aufwand beim frühen Erfassen zahlt sich oft durch eine wesentlich höhere Produktivität aus: Unterlagen sind jederzeit und überall - auch bei verteilten Arbeitsteams über WANs - sofort und gleichzeitig verfügbar und können damit schneller bearbeitet werden. Mehrfach- und Falschablagen werden minimiert.

Das Workflow-System kommt immer dann ins Spiel, wenn archivierte Dokumente aktiv an bestimmte Sachbearbeiter weitergeleitet werden sollen. Beispielsweise wird nach dem Scannvorgang eines Kundenauftrages der Geschäftsprozeß *„Kundenauftragsbearbeitung"* angestoßen. In diesem Workflow wird etwa in Abhängigkeit der Kundennummer ein zuständiger Sachbearbeiter ermittelt, der den Kundenauftrag nun weiterbearbeiten kann.

Der wesentliche Vorteil eines Archivsystems spiegelt sich in Zeit- und Kostenersparnissen sowohl bei der Ablage als auch bei der Recherche von Dokumenten wider. Dieser Sachverhalt wird durch einen Zahlenvergleich besonders deutlich.

Tabelle 3.1: Zeit- und Kostenvergleich beim Einsatz eines Archivsystems

Menge	Konventionell		Elektronisch		Einsparung
	Zeit	Personalkosten	Zeit	Personalkosten	
Seiten/Tag	Std.Tag	Euro/Jahr	Std.Tag	Euro/Jahr	Euro/Jahr
ABLAGE:					
100	1,7	5.100,--	0,4	1.200,--	3.900,--
200	3,4	10.200,--	0,8	2.400,--	7.800,--
500	8,5	25.500,--	2,1	6.300,--	19.200,--
1000	17,0	51.000,--	4,2	12.600,--	38.400,--
RECHERCHE:					
10	1,67	5.010,--	0,04	120,--	4.890,--
20	3,33	10.020,--	0,08	240,--	9.780,--
50	8,33	25.050,--	0,21	630,--	24.420,--
100	16,67	50.100,--	0,42	1.260,--	48.840,--

Der Berechnung liegen folgende Annahmen zugrunde:

Arbeitstage pro Jahr:	200
Durchschnittliche Lohnkosten:	15,-- Euro / Stunde
Konventionelle Ablagezeit:	60 Seiten / Stunde (Sortierzeit + Ablagezeit)
Konventionelle Recherchezeit:	10 Minuten (Wegezeit+Suchzeit+Rücksortierzeit)
Elektronische Ablagezeit:	240 Seiten / Stunde
Elektronische Recherchezeit:	15 Sekunden

Insbesondere beim derzeitigen Trend des zunehmenden elektronischen Datenaustausches verliert die Archivierung von Papierdokumenten an Bedeutung und neue Konzepte für das Dokumentenmangement werden zukünftig an Gewicht gewinnen.

3.1.4 Weitere Schnittstellen

Hauptsächlich die Forderung, daß Workflow-Systeme Plattformen jeglicher Art unterstützen sollen, führt zur Entwicklung von offenen Schnittstellen. SAP veröffentlicht Workflow APIs (WAPI), auf deren Basis unterschiedliche Produkte an das Workflow-System angebunden werden können. Parallel dazu verfolgt SAP eine Strategie, die die R/3-Anwendungen selbst mit der Außenwelt verbindet. Diese auf den ersten Blick widersprüchliche Vorgehensweise hat für den Anwender den Vorteil, daß zunächst keine Abhängigkeit vom Workflow-System besteht, wenn extern kommuniziert werden soll, sondern daß explizit ausgewählte Anwendungen direkt mit externen Systemen verbunden werden können. Außerdem werden diese Schnittstellen wiederum vom Workflow-System benutzt, so daß auch in diesem Bereich von einer Basisleistung gesprochen werden kann. Die wichtigsten Schnittstellen zu externen Systemen seien hier kurz vorgestellt. Gleichzeitig wird versucht, einige typische Aufgabengebiete für Workflows in den entsprechenden Bereichen aufzuzeigen.

Austausch von Geschäftsbelegen in heterogenen Systemen

EDI wird verwendet, um firmenübergreifenden, elektronischen Austausch von strukturierten Daten zwischen Geschäftspartnern im In- und Ausland, die unterschiedliche Hardware, Software und Kommunikationsdienste im Einsatz haben können, zu realisieren. Die EDI-Architektur im R/3-Umfeld besteht aus EDI-fähigen SAP-Anwendungen, einer EDI-Schnittstelle und dem EDI-Subsystem bzw. Konverter. Die Datenstruktur eines betriebswirtschaftlichen Geschäftsvorfalls (z. B. Rechnung, Lieferschein etc.) sind in EDI-Nachrichtentypen international standardisiert. Beispielsweise existieren die Nachrichtentypen ORDERS (Bestellung) oder INVOICE (Rechnung). Eine EDI-Nachricht wird in Segmente gegliedert (z. B. das Segment *Lieferant* enthält alle Anschriftsdaten des Lieferanten). Der kleinste Bestandteil einer EDI-Nachricht ist ein Datenelement, das durch seinen Namen, den Datentyp und seine Länge eindeutig definiert wird und einem Datenfeld im SAP-Umfeld entspricht. Mit zunehmender Vernetzung gewinnt EDI im Bereich des multilateralen Datenaustausches stark an Bedeutung. Werden bisher hauptsächlich Daten im unstrukturierten ASCII-Format ausgetauscht und sowohl beim

Sender als auch beim Empfänger mühevoll wieder in die gewünschten Formate konvertiert, bietet EDI mit Unterstützung eines Workflows einen vollautomatischen Datenaustausch ohne manuelle Zwischeneingriffe. Ein per EDI eingehender Kundenauftrag kann durch ein Workflow entgegengenommen und die entsprechende Prozeßkette *Kundenauftragsbearbeitung* gestartet bzw. koordiniert werden. Insbesondere die Behandlung fehlerhafter EDI-Eingangsnachrichten (z. B. ein Abbruch beim Umwandeln einer EDI-Nachricht in einen R/3-Beleg) kann durch das Workflow-System aktiv unterstützt werden und damit vor allem weitere Folgefehler verhindern. Auftragsbestätigungen, Lieferscheine, Rechnungen usw. verlassen wiederum als EDI-Nachricht das Unternehmen. Bei konsequentem Einsatz kann EDI nicht nur den externen Datenaustausch, sondern mit Hilfe des Workflow-Systems auch die interne Vorgangssteuerung beschleunigen und vereinfachen (die Belegerfassung entfällt völlig) und außerdem das Papieraufkommen drastisch senken.

Anbindung von Fremdsystemen

ALE ist die SAP-eigene Technologie zur Integration lose gekoppelter, autonomer Anwendungen mit R/3. Im Gegensatz zu EDI wird die Datenübertragung zum/vom Fremdsystem aber nicht als Datei auf Betriebssystemebene vorgenommen, sondern es wird eine Kommunikation mittels Remote Function Calls (RFC) zwischen den beiden Anwendungen aufgebaut. SAP stellt RFC-Bibliotheken auf verschiedenen Plattformen zur Verfügung, die in externe Programme eingebaut werden können. Die ALE-Anbindung erfordert Programmieraufwand in den Fremdsystemen. Es gibt allerdings auch Tools, z. B. Mercator for R/3 von TSI International (www.tsisoft.com), mit deren Hilfe auf die Programmierung weitgehend verzichtet werden kann. Diese Tools bieten sog. grafische Mapping-Umgebungen, die das Erstellen und die Pflege der Schnittstellenprogramme effizient, einfach und kostengünstig gestalten und detaillierte Kenntnisse der RFCs überflüssig machen sollen. Die ALE-Architektur ist das Medium zur asynchronen Kopplung verteilter Systeme ohne eine gemeinsame Datenbank (z. B. unabhängige Releasestände in verschiedenen R/3-Systemen oder zeitweise isolierter Betrieb). Ein Workflow wird ALE-Funktionalität immer dann heranziehen, wenn das Workflow oder ein Workflow-Schritt auf mehreren Systemen ausgeführt werden soll. Dies wird bei der Workflow-Definition selbst durch die Angabe des betreffenden Systems codiert. Eine Programmierung auf der Ebene der Workflow-Definition ist nicht mehr erforderlich, wenn sich die beiden Workflow-Systeme über die vereinbarten RFCs unterhalten können.

Somit ist die Geschäftsprozeßintegration zwischen unterschiedlichen Systemen realisierbar.

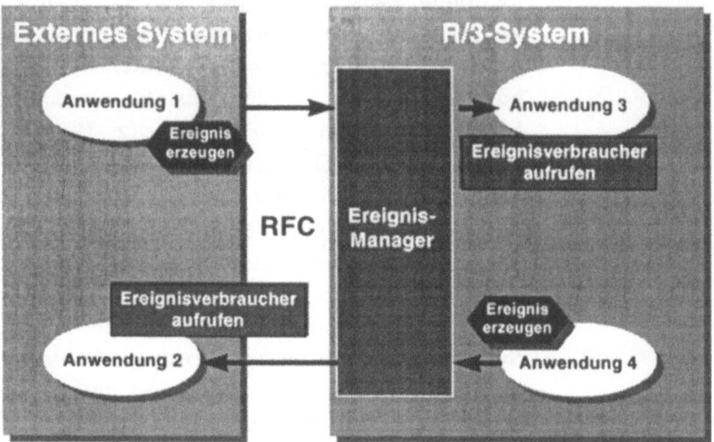

Abbildung 3.7: ALE-Schnittstelle und Workflow Quelle: [44]

Mit R/3 Release 3.1 ist die ALE-Technologie um eine Internet-Oberfläche erweitert. Diese ALE/WEB-Schnittstelle soll eine einheitliche und konsistente betriebswirtschaftliche Umgebung auch dann ermöglichen, wenn die Anwendung von R/3 beispielsweise ortsunabhängig ist und über einen Internet-Browser vorgenommen werden soll.

Integration von PC-Funktionalität

OLE ist der von Microsoft entwickelte Standard zur Kommunikation mit Anwendungen, der sich im PC-Bereich weitgehend etabliert hat. Die Betriebssystemkomponente ist - historisch bedingt - vorrangig als ein Konzept bekannt, welches dokumentenorientiertes Arbeiten in Windows-Anwendungen ermöglicht. Diese Sichtweise reflektiert lediglich einen Teilbereich der heute einsetzbaren OLE-Funktionalitäten. Microsoft verfolgt mit der Version 2.0 einen weit umfassenderen Ansatz, der OLE2 als Schlüsselkomponente für zukünftige Windows-Versionen in den Vordergrund stellt. Für Microsoft ist OLE2 eine Zusammenfassung objekt-basierter Technologien, die eine Integration von Softwarebausteinen ermöglicht. Die Integration von Desktop-Anwendungen in das R/3-System wird durch die aktive Einbindung der OLE2- und ODBC-Spezifikationen hergestellt. Somit können sich R/3-Anwendungen der Funktionalität von beliebigen OLE2-fähigen Desktop-Anwendungen wie Textverarbeitung und Tabellenkalkulation bedienen. Es können Funktionen der Office-Anwendung aus dem R/3-System angestoßen und auf Ereignisse der Office-Anwendung reagiert werden. Diese Art der Integration wird durch eine objektorientierte ABAP-Schnittstelle zur Verfügung gestellt, mit der spezielle Desktop Office-Anwendungen über die OLE2-Schnittstelle gestartet, geschlossen und manipuliert werden können. Dabei kann die Office-Anwendung in einem separaten Fenster oder im R/3-Fenster geöffnet werden. Die Dokumente können beliebig abgelegt werden.

Beispiel

Über eine URL-Adresse werden Dokumente in eine Office-Anwendung eingespielt. Werden in der Office-Anwendung Ereignisse ausgelöst, kann auf diese vom ABAP-Programm reagiert werden. Außerdem können Daten (Felder, Tabellen), Bilder, RTF-Texte usw., die im R/3-System abgelegt sind, über Links in das Dokument eingespielt werden. Durch Aktualisierung der Links ist dann sichergestellt, daß immer die zur Zeit aktuellen Objekte im Dokument angezeigt und bearbeitet werden.

Integration von Mail-Systemen

MAPI ist eine offene Architektur, mit der das SAPoffice-System an fremde Mail-Frontend-Systeme, z. B. Microsoft Exchange Client, cc:Mail, angebunden werden kann. Über RFCs ist es möglich, SAPoffice-Dokumente vom MAPI-Client aus zu navigieren oder umgekehrt. Somit kann gewährleistet werden, daß der Benutzer das Mailsystem seiner Wahl verwenden kann und von diesem System aus mehrere Mail-Server bedient werden können, ohne sich mit den unterschiedlichen Systemen auseinandersetzen zu müssen.

Abbildung 3.8: Anbindung von Mail-Clients

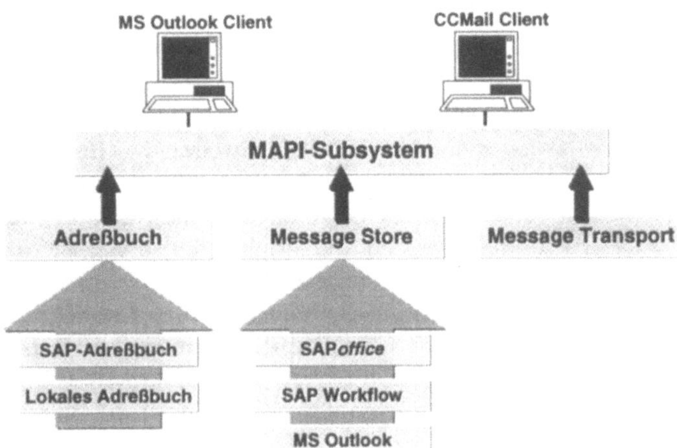

Die Nachrichten können somit unabhängig von der Lokation und Plattform des Benutzers an ein Mail-System gesendet werden. Im Gegensatz zu anderen Mail-Anbindungsmechanismen (z. B. POP3) werden Aktionen oder Änderungen, die im MAPI-Client durchgeführt werden, auch in das R/3-System zurückgeschrieben. Damit besteht für das Workflow-System die Möglichkeit, auch Aufgaben an einen MAPI-Client zu übergeben. Zum Zeitpunkt der Anwenderaktion werden alle Aktionen - wie bspw. Anzeigen, Abgelegen, Ändern, Beantworten - die im Mail-System vorgenommen werden auch im R/3-System durchgeführt.

Objektorientierung

BAPI ist die strategische Kommunikations-Schnittstelle der SAP. Hierbei handelt es sich um den Ansatz, Geschäftsprozesse, Funktionen und Daten als Objekte zu betrachten. Damit liegt SAP einerseits im Trend moderner Softwareentwicklung, auf der anderen Seite bietet die Objektorientierung insbesondere für die Interoperabilität wesentliche Vorteile. Da auch auf anderen Plattformen Objektstandards - z. B. CORBA-Standard der Object Management Group, ActiveX von Microsoft - geschaffen werden, können Geschäftsobjekte in einer lose gekoppelten, aus mehreren Plattformen bestehenden und mehreren Standards gehorchenden Umgebung gemeinsam existieren. Seit Release 4.0 sind der Programmiersprache ABAP/4 Objekte zugänglich. Die objektorientierte Erweiterung erschließt ganz neue Möglichkeiten, wie Kapselung von Daten und Programmen, Vererbung und Polymorphie, was die Entwicklung komplexer Anwendungen deutlich erleichtert. Aber auch auf Anwendungsebene bringt die Objektorientierung wesentliche Vorteile. So lassen sich Objekte (z. B. eine Bestellung) als eine Einheit betrachten und bewegen, verändern, versenden, löschen usw.

SAP Business Workflow basiert als Komponente im R/3-System zwingend auf der Existenz von Geschäftsobjekten. Auch die R/3 Internet-Anwendungen sind auf das Business Object Repository angewiesen. Durch die Anbindungen des Object Repository an ALE besteht die Möglichkeit, BAPIs in zukünftigen ALE-Szenarien als Schnittstelle zu verwenden und damit die Entwicklung dieser Anwendungen wesentlich zu vereinfachen. Weitere Informationen zu Geschäftsobjekten sind in Kapitel 3.2.1 zu finden. Bei weiterem Interesse an ausführlichen Praxisbeispielen zum BAPI-Einsatz kann [9a] wärmstens empfohlen werden.

3.2 SAP Business Workflow

Seit Release 3.0 stellt SAP die Potentiale eines Workflow-Systems für die R/3-Anwendungen zur Verfügung. SAP Business Workflow[1] ist fortan ein integrierter Bestandteil von R/3. Angesiedelt ist die Komponente im Basismodul (*BC*) im Bereich Business Management (*BC-BMT*). Dies zeigt schon die recht starke Integration des Systems, die durch diese ausgeprägte Einbindung in die R/3-Basis als Dienstleistungsfunktion für alle Anwendungsmodule fungieren kann.

Wie jedes andere Workflow-System muß auch SAP Business Workflow vor der Nutzung zum Leben erweckt werden, d. h. die Geschäftsprozesse müssen in Form von elektronischen Prozeßmodellen dem System mitgeteilt werden, damit es weiß, in welchem Ablauf welche Mitarbeiter nach welchem Schritt und zu welchem Zeitpunkt die darin spezifizierten Tätigkeiten auszuführen haben. Das Workflow-System spielt den stummen Diener, den internen Postboten, der die entsprechenden Aufgaben entlang dieser vordefinierten Wege verteilt und im Zuge dessen auch die entsprechenden Informationen zu verteilen hat. Dieses Kapitel erläutert die wesentlichen Bestandteile von SAP Business Workflow.

3.2.1 Objekte

Die Architektur des SAP Workflow-Systems basiert auf Geschäftsobjekten. Mit der objektorientierten Darstellung will SAP die Integration und die Wechselwirkungen zwischen Objekten anstatt auf einer rein technischen auf einer betriebswirtschaftlichen Ebene darstellen. Geschäftsobjekte sind Schnittstellen zu zahlreichen klar konzipierten Prozessen und Daten, die über das Objektrepository (siehe auch Kapitel 3.3.5) zugänglich sind. Jedem Geschäftsobjekt ist ein Datenmodell zugeordnet. Es bildet die innere Struktur der Daten im Unternehmensdatenmodell ab. Die Registrierung der Objekte erfolgt über die Definition von Objekttypen, wie beispielsweise Rechnung, Auftrag, Lieferschein, Material, Stückliste, externe Dokumente (archivierte Dokumente,

---

1 Die Informationen aus diesem Kapitel sind hauptsächlich Handbüchern, Broschüren, Online-Hilfen und Präsentationsunterlagen der SAP AG entnommen. Sie wurden ergänzt durch Projekterfahrungen. Im Einzelfall wird deshalb auf die dedizierte Quellenangabe verzichtet.

EDI-Nachricht), PC-Objekte (Textverarbeitungsdokumente, Tabellenkalkulationsblätter).

Während der Laufzeit geben Clients ihre Anforderungen in Form von Ereignissen und Methoden an das entsprechende Objekt weiter, das die Ergebnisse direkt an den Client zurückmeldet. Auf diese Weise bleiben Coding und Standort des Objekts vor dem Client verborgen (Information-Hiding), was vor allem in verteilten Umgebungen Vorteile mit sich bringt. Die folgende Abbildung zeigt den vierschichtigen Aufbau eines Geschäftsobjektes mit seinen typischen Komponenten:

Abbildung 3.9: SAP Geschäftsobjekt Quelle: [42]

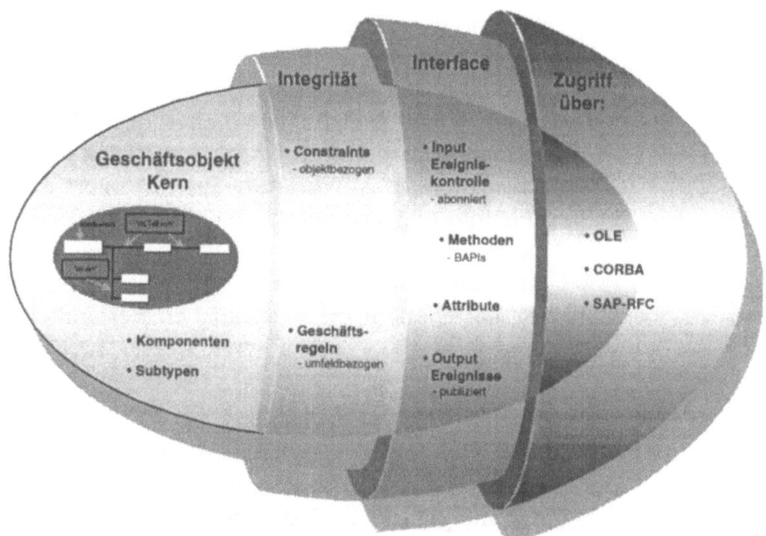

Im Kern befindet sich das zum Objekt gehörende Datenmodell, also die Tabellen (Entities) und deren Verknüpfungen. In der Integritätsschicht kommen objektbezogene Bedingungen und Abhängigkeiten (z. B. auch Views) und prozeßabhängige Regeln hinzu. Die Interfaceschicht stellt die Schnittstellen für die Umwelt als Ereignisse (z. B.: Objekt *angelegt*, Objekt *geändert*, Objekt *gelöscht*) und Methoden (z. B.: Objekt *anlegen*, Objekt *ändern*, Objekt *löschen*) zur Verfügung, über die ausschließlich Veränderungen am Objekt - also auch an den nicht frei zugänglichen Attributen[1] - vorgenommen werden können.

1 Beispiele für Attribute: Objekt: *Person*; Attribute: *Name, Adresse* usw.

Der tatsächliche Zugriff auf das Objekt erfolgt über RFCs[1] oder für externe Anwendungen über entsprechende Objektschnittstellen (BAPI). Weiterhin kann von einer externen Anwendung auch auf das Objektrepository zugegriffen werden, falls diese Applikation SAP-RFCs unterstützt.

Attribute beschreiben die Daten, die in einem Objekt abgelegt werden. Das Attribut kann eine direkte Zuordnung zu einem Datenfeld in der R/3-Datenbank haben oder aber erst bei Bedarf ermittelt (z. B. berechnet) werden (virtuelles Attribut). Eine Besonderheit stellen Attribute dar, die Referenzen zu anderen Objekten beinhalten. Damit können Objekte verschachtelt werden.

Methoden repräsentieren die Geschäftsvorgänge, mit denen die Attribute bearbeitet werden. Durch Kapselung können die Daten des Objekts nur über die Objektmethoden angesprochen werden. Die Menge aller Methoden eines Objekttyps muß somit alle Geschäftsprozesse abdecken können, die dieses Objekt betreffen. Eine Methode muß nicht atomar sein. Im Hinblick auf die Abbildung der betriebswirtschaftlichen Problemstellung stehen vielmehr Methoden im Vordergrund, die Prozesse oder Teilprozesse abbilden. So könnte für das Objekt *Bewerber* eine Methode *Einladen zum Vorstellungsgespräch* existieren, die eine Kette von Manipulationen auf das Objekt, das Auslösen von Transaktionen oder das Erstellen eines Einladungsbriefes beinhaltet. Bestimmte Methoden sind als BAPIs gekennzeichnet, d. h. hierbei handelt es sich um Objektmethoden, die einerseits als standardisierte Programmaufrufe angesehen werden können und andererseits mit Funktionalität versehen sind, um von externen Systemen aufgerufen werden zu können. BAPIs sind somit lediglich zur freien Verwendung bestimmt und werden von SAP erstellt und freigegeben. Dagegen können herkömmliche Objektmethoden kunden- bzw. anwendungsspezifisch angepaßt oder erweitert werden. Innerhalb einer Methode können quasi beliebige Anwendungen aufgerufen und ausgeführt werden.

---

1 Ein RFC (Remote Function Call) ist ein SAP-Schnittstellenprotokoll, das auf CPI-C (Common Programming Interface-Communication) beruht. Damit wird die Programmierung von Kommunikationsabläufen zwischen Systemen wesentlich vereinfacht. Mit RFCs können vordefinierte Funktionen auf einem entfernten System - oder innerhalb des gleichen Systems - aufgerufen und ausgeführt werden. RFCs übernehmen die Kommunikationssteuerung, die Parameterübergabe und die Fehlerbehandlung.

Damit stellt eine Methode die Verbindung zwischen dem Geschäftsobjekt und seiner Außenwelt dar.

Ereignisse signalisieren einen bestimmten Vorfall in einem Objekt in einer Eins-zu-Viele-Beziehung. Ein Ereignismanager publiziert an einem bestimmten Objekt erfolgte Änderungen oder Aktivitäten an andere Objekte, die ein bestimmtes Ereignis abonniert (subskribiert) haben. Diese Ereignisse werden im Workflow-System eingesetzt, um die Geschäftsobjekte als Auslöser für Workflows zu nutzen. Da die Objekte mit anderen ereignisorientierten Anwendungen in Kontakt stehen und Informationen austauschen, sind sie der ideale Informationsträger für das Workflow-System.

Abbildung 3.10: Objekttyp und Außenwelt

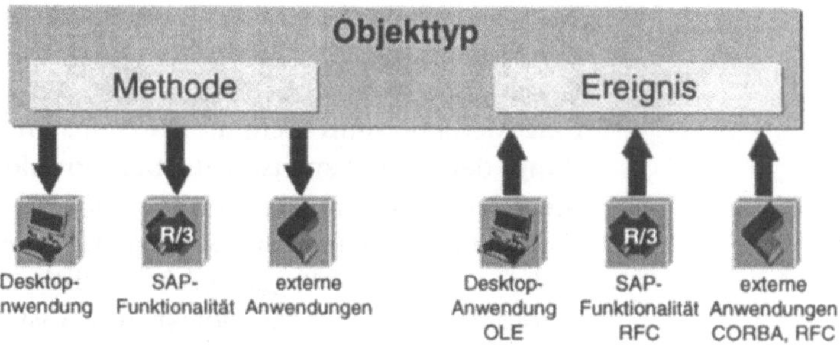

Vererbung von Objekttypen

Objekte entstehen als konkrete Ausprägungen (Instanzen) eines Objekttyps zur Laufzeit. In der Regel ist es ein einzelnes Objekt, das, nachdem es im System entstanden ist, in einem Workflow über mehrere Schritte hinweg von verschiedenen Mitarbeitern bearbeitet wird. Geschäftsobjekte unterstützen die Delegation. Ausgehend von einem beliebigen Objekttyp können eigene Subtypen angelegt werden, die sämtliche Attribute, Methoden und Ereignisse des Supertyps erben. Dies wird bei der Definition eigener Workflows benötigt, um die Funktionalität der SAP-Objekte den eigenen Bedürfnissen anpassen zu können. Um die Funktionalität der bestehenden Objekte nicht zu beeinträchtigen, dürfen SAP-Objekte nicht geändert werden, sondern auf Grundlage bestehender Objekte werden mit Hilfe der Vererbung eigene Objekte kreiert und um die gewünschten Attribute, Methoden und Ereignisse erweitert. Diese Erweiterung kann teilweise sehr technischer Natur sein und setzt dann tiefgreifende SAP-Basiskenntnisse voraus. So können beispielsweise Kenntnisse über ABAP/4-Programmierung, Erstellung und Verwendung von Funktionsbausteinen und Makros, Kenntnisse über das Data-

Dictionary, Erfahrung in objektorientierter Programmierung, Kenntnisse über SAP-Anwendungen, Änderungsbelegerstellung, Ereigniserzeugung aus der Applikation heraus usw. Voraussetzung sein.

3.2.2 Komponenten

Die folgende Abbildung zeigt das Dreischichtenmodell der SAP Business Workflow-Architektur. In der unteren Schicht sind die Geschäftsobjekte erkennbar, die dem Workflow-System als Schnittstelle zu den Anwendungen dienen (R/3- und externe Anwendungen) und in Kapitel 3.2.1 bereits erläutert wurden. Die mittlere Schicht ist Gegenstand dieses Kapitels und auf die Organisationsschicht wird in Kapitel 3.2.3 eingegangen.

Abbildung 3.11: Architektur von SAP Business Workflow (Pfeile stellen Datenflüsse dar) Quelle [42]

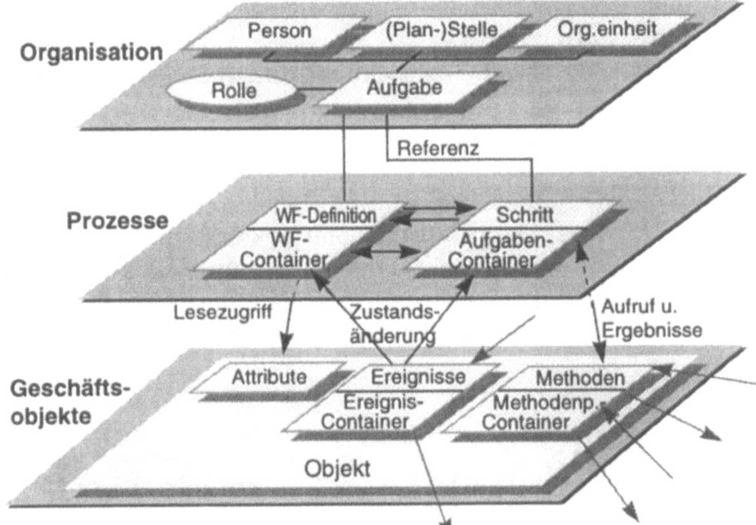

In der mittleren Schicht, die oft auch als sog. **Workflow-Engine** bezeichnet wird, werden die Geschäftsprozesse abgebildet. Dazu gehört die Definition der Workflows und auch die Steuerung, Koordinierung, Überwachung und Auswertung der Workflows zur Laufzeit. Konform zu diesem vielfältigen Aufgabenspektrum besteht die Workflow-Engine von SAP Business Workflow aus mehreren Komponenten, die in Abhängigkeit der zeitlichen Verwendung in die Hauptbereiche **Definitionswerkzeuge**, **Laufzeitsystem** und **Informationssystem** untergliedert werden.

a) Definitionswerkzeuge

Der grafische Workflow-Editor als Modellierungswerkzeug

Das wichtigste Medium bei der Erstellung von Workflows ist eine Modellierungsumgebung, in der die Geschäftsabläufe in grafischer Form interaktiv entwickelt werden können. SAP stellt zu diesem Zweck einen grafischen *Workflow-Editor* zur Verfügung, in dem die Abläufe als ereignisgesteuerte Prozeßketten (ePK) (vgl. Kapitel 3.2.4) entworfen, angezeigt und implementiert werden. Das Flußdiagramm bildet die Grundlage für die Workflow-Ausführung zur Laufzeit, d. h. durch die Erstellung und Speicherung einer Workflow-Definition wird selbständig ein ablauffähiges Workflow erzeugt, womit SAP die Forderungen des Interface 1 der WfMC erfüllt. Ablauffähigkeit i. d. S. bedeutet, daß das Workflow-System den Kontroll- und Datenfluß zwischen den Bearbeitungsschritten des Prozesses aktiv steuern kann. Die Aktivitäten selbst müssen zuvor definiert und mit Funktionalität versorgt werden.

Aufgaben

Die betriebswirtschaftlichen Tätigkeiten werden in Aufgaben beschrieben. Ob die Aufgabe die Ausführung von nur einem einzelnen oder von mehreren, unter Umständen parallel ablaufenden Schritten verlangt, hängt von den organisatorischen Abläufen des Vorgangs ab. Dementsprechend werden Aufgaben in Einzelschrittaufgaben und Mehrschrittaufgaben unterteilt. Einzelschrittaufgaben beschreiben aus organisatorischer Sicht jeweils **eine** betriebswirtschaftliche Tätigkeit, während Mehrschrittaufgaben mehrere Einzelaufgaben zusammenfassen, also nicht elementar sind.

Abbildung 3.12: Aufgabenhierarchie

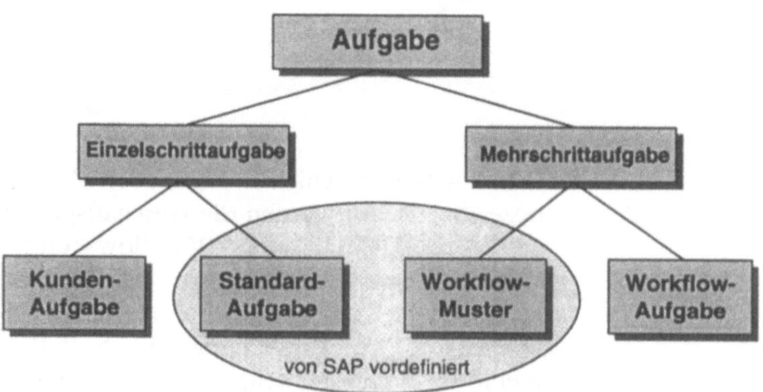

Eine Mehrschrittaufgabe kann somit einen kompletten Geschäftsprozeß enthalten und ist als Referenz auf eine Workflow-Definition zu verstehen. In der Tat verwendet SAP die Begriffe Mehrschrittaufgabe und Workflow als Synonyme. Eine Sammlung von Einzel- und Mehrschrittaufgaben sind im Lieferumfang von SAP Business Workflow als ablauffähige **Standardaufgaben** bzw. **Workflow-Muster** enthalten, die zwar unmittelbar eingesetzt werden können, in der Regel jedoch eher als Vorlagen für eigene Entwicklungen dienen werden. Eine Übersicht über die ausgelieferten Workflow-Muster sind dem Kapitel 3.3.3 zu entnehmen. Die Definition und Implementierung von eigenen Aufgaben mit spezifischen Anforderungen erfolgt - wie schon bei den Objekttypen - in speziellen Aufgabentypen. Atomare Tätigkeiten werden als **Kundenaufgabe** und selbsterstellte Workflows als **Workflow-Aufgabe** klassifiziert. Eine Einzelschrittaufgabe wird innerhalb eines Workflows als **Schritt** eingebunden. Ein Schritt in einer Workflow-Definition kann aber nicht nur eine Aktivität (Einzelschrittaufgabe) beinhalten, sondern auch weitere Prozesse (Mehrschrittaufgabe - Subflow). Bei Aktivitäten kommen ergänzende Angaben zur Zuständigkeit, zur Terminierung und zur Verantwortung bei Nichterledigung hinzu. Für einen Verarbeitungsschritt kann eine maximale Bearbeitungszeit angegeben werden. Wird sie überschritten, so wird eine definierte Aktivität angestoßen. Eine Workflow-Definition setzt sich also bausteinartig aus einzelnen, miteinander vernetzten Schritten zusammen und bildet die betriebswirtschaftlichen Abläufe direkt ab. Durch die beliebige Schachtelung und Verfeinerung von Prozeßschritten können Geschäftsprozesse auf einem hohen Abstraktionsniveau modelliert und in darunterliegenden Hierarchieebenen schrittweise detailliert werden.

Container

Wie aus Abbildung 3.11 ersichtlich ist, müssen zwischen Mehrschritt- und Einzelschrittaufgaben Daten ausgetauscht werden. Zu diesem Zweck existiert für ein Workflow ein sog. **Workflow-Container** und für eine Einzelaufgabe ein **Aufgabencontainer.** Ein Container ist eine Datenstruktur zur Aufnahme von Informationen zu Kontroll- und Steuerungszwecken. Container beinhalten i. d. R. keine betriebswirtschaftlichen Daten. Diese werden von der Anwendung selbst konsistent verwaltet und in Datenbanken abgelegt. Zur Definitionszeit eines Workflows werden die entsprechenden Container angelegt und sind evtl. durch zusätzliche Elemente zu ergänzen. Jedes dieser Containerelemente wird durch die Angabe seiner Eigenschaften, insbesondere durch die Angabe einer Datentypreferenz spezifiziert. Weiterhin ist es sinnvoll, den Aufgaben potentielle Sachbearbeiter zuzuordnen. Zu diesem Zweck verweist eine Referenz der Aufgabe in die Organisationsschicht (vgl. Kapitel 3.2.3) und wird dort mit Personen, Gruppen oder Stellen verknüpft. Aufgaben sind auch mit den Geschäftsobjekten direkt verbunden. So wird die eigentliche Tätigkeit, wie etwa ein Transaktionsaufruf oder die Aufforderung zu einer manuellen Aktion, u. a. in Form von Methoden der Objekttypen realisiert. Einzelschrittaufgaben stehen damit als Bindeglied zwischen Ablauf- und Aufbauorganisation im SAP-System.

Abbildung 3.13: Integration der Ablauf- und Aufbauorganisation über die Aufgaben Quelle: [45]

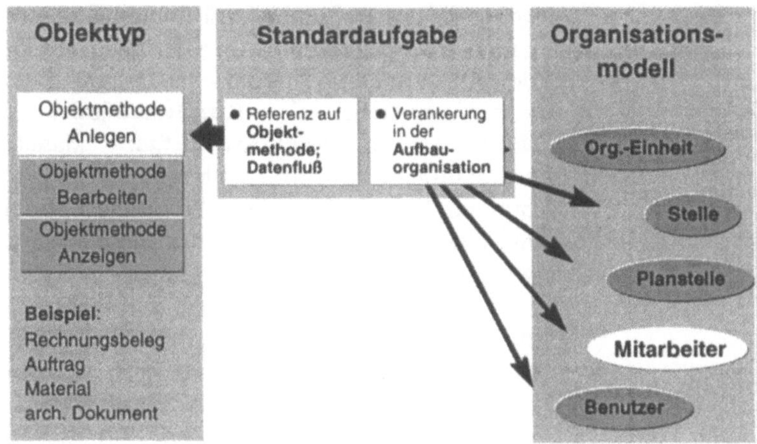

Ereignisse als Auslöser von Aufgaben

Die Ereignisse, die Objekttypen oder Anwendungen erzeugen, können für Einzelschrittaufgaben oder Workflows als auslösende Ereignisse ausgenutzt werden. Zuvor muß allerdings durch Definitionen sichergestellt sein, daß die rein formelle Angabe eines Ereignisses beim Objekttyp tatsächlich mit der betriebswirtschaftlichen Gegebenheit in Verbindung steht. Zur Erzeugung von Ereignissen innerhalb der Fachanwendung können verschiedene integrierte Mechanismen, wie der Aufruf eines Funktionsbausteins, eine Statusänderung, das Schreiben eines Änderungsbelegs oder die Nachrichtensteuerung, herangezogen werden. Teilweise erfordert die individuelle Ereigniserzeugung Erfahrung im Umgang mit der SAP Programmierumgebung, teilweise müssen lediglich Definitionen in Form von Tabelleneinträgen vorgenommen werden. Die ausgenutzten Verfahren stellen allerdings sicher, daß durch die Anwendung die Datenkonsistenz und -sicherheit garantiert ist und keine Modifikation am SAP-Standard vorgenommen werden muß.

b) Laufzeitsystem

Das Laufzeitsystem besteht aus drei Ausführungskomponenten: Der **Workflow-Manager** steuert und koordiniert den Workflow-Ablauf, der **Workitem-Manager** ist für die Abwicklung der Ausführung einzelner Arbeitsschritte einschließlich der Zuordnung zu den Bearbeitern und der Terminüberwachung verantwortlich und der **Ereignismanager** ermittelt die an einem Ereignis interessierten Verbraucher und ruft sie auf.

Funktionen des Workflow-Managers

Alle zur Ablaufsteuerung und Koordination bereitgestellten Programme der Workflow-Engine werden im Workflow-Manager zusammengefaßt. Da zur Laufzeit beliebig viele Workflows - auch auf dieselbe Mehrschrittaufgabe bezogen - im Workflow-Manager residieren können, werden sie als unabhängige Instanzen verwaltet. Alle Definitions- und Ausführungskomponenten basieren auf einer gemeinsamen Datenstruktur und werden zusammen mit den Objektreferenzen für die Dauer der Aktivität im Workflow-Container abgelegt. Aus diesem Container wird dann jeder der miteinander vernetzten Einzelschritte mit den Daten versorgt, die zu seiner Bearbeitung notwendig sind. Ereignisse, die einem Schritt folgen, lösen entsprechende Folgeschritte aus und erzeugen Ergebnisse, die wiederum vom Workflow-Manager aufgenommen, ausgewertet und in den weiteren Arbeitsfluß einbezogen werden.

Funktionen des Workitem-Managers

Der Workitem-Manager ist das zentrale Element zur Laufzeit. Die Laufzeitrepräsentation einer ausführbaren Einzelschrittaufgabe, das Workitem, wird entweder vollautomatisch im Hintergrund abgewickelt oder einem oder mehreren zuständigen Mitarbeitern jeweils im integrierten Eingangskorb (Worklist) angezeigt und kann von dort aus angenommen und ausgeführt werden. Ein Vorgang setzt sich demnach aus einer Folge von Workitems zusammen, die vom Workitem-Manager verwaltet werden. Zur Abwicklung der Ausführung der einzelnen Arbeitsschritte gehört die erst zur Laufzeit vorgenommene Ermittlung und Zuordnung von Sachbearbeitern und - falls gewünscht - eine Terminüberwachung mit Eskalation. Eskalation bedeutet, daß ein Workitem, dessen Bearbeitungsfrist nicht eingehalten wird, eine spezielle Behandlung erfährt.

Auch die Verwaltung der Worklists der einzelnen Benutzer wird vom Workitem-Manager vorgenommen. Im integrierten Eingangskorb wird neben den Dokumenten der SAPoffice-Eingangsliste auch die Worklist angezeigt, die alle zu bearbeitenden Tätigkeiten eines Benutzers als Workflow-Objekte enthält.

Alle Einträge sind einer Klasse zugeordnet, vergleichbar mit mehreren physischen Postkörbchen, in denen unterschiedliche Aufgabenarten abgelegt sind. SAPoffice-Dokumente gehören zur Klasse SO und haben andere Funktionalitäten als beispielsweise Workitems (Klasse WF). Workitems werden ihrerseits in Typen unterteilt, wodurch interne Bearbeitungsabläufe gesteuert werden können. Der Typ eines Workitems entscheidet über zulässige Stati und Statusübergänge.

Funktionen des Ereignis-Managers

Der Ereignismanager ist für den ereignisgesteuerten Ablauf im Workflow-System verantwortlich. Über Ereignisse wird eine Kopplung zwischen verschiedenen Anwendungen ermöglicht, indem Daten von der erzeugenden zur verbrauchenden Anwendung transportiert werden. Ereignisse werden i. d. R. von SAP-Anwendungen ausgelöst und damit systemweit publiziert. Das Programm, in dem ein Ereignis erzeugt wird, wird als Ereigniserzeuger bezeichnet. Damit wird eine am Objekt vorgenommene Zustandsänderung systemweit veröffentlicht (publiziert). Auf der anderen Seite wird ein Ereignis von einem Ereignisverbraucher ausgewertet (verbraucht). Ein Ereignis kann einen oder mehrere Verbraucher haben, muß aber sofort verbraucht werden. Existiert zum Zeitpunkt der Ereigniserzeugung kein Verbraucher, wird das Ereignis gelöscht. Der Ereignismanager nimmt die Ereignisse entgegen, ermittelt mit Hilfe einer Ereigniskopplungstabelle die interessierten Verbraucher und ruft diese dann auf. Die Abbildung verdeutlicht den Zusammenhang zwischen Ereigniserzeuger, Ereignisverbraucher und den Komponenten des Workflow-Laufzeitsystems.

Abbildung 3.14: Ereigniskopplung

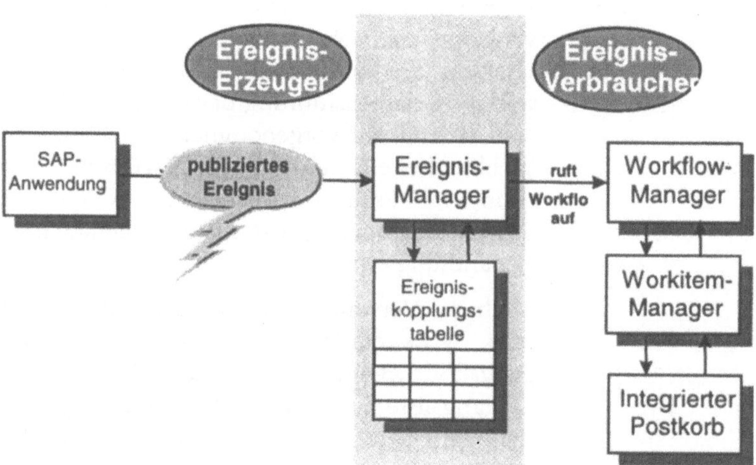

c) Informationssystem

Hauptsächlich zu Kontrollzwecken werden alle Vorgänge im Workflow-System protokolliert. Mit Hilfe von Reporting-, Diagnose-, Analyse- und Testwerkzeugen können die gesammelten Daten ausgewertet und Fehler lokalisiert werden. Da es sich hierbei um ein administratives Aufgabengebiet handelt, sind zur Anwendung dieser Funktionen besondere Berechtigungen notwendig. Es existieren mehrere Berechtigungsgruppen, so daß die Auswertung auch durch mehrere Administratoren für dedizierte Bereiche oder Funktionen durchführbar ist.

Grundsätzlich muß unterschieden werden zwischen definitions- bzw. laufzeitbezogenen und zeitraumbezogenen Analysen. Dementsprechend werden unterschiedliche Analysearten angeboten.

Abbildung 3.15: Analysearten des Informationssystems

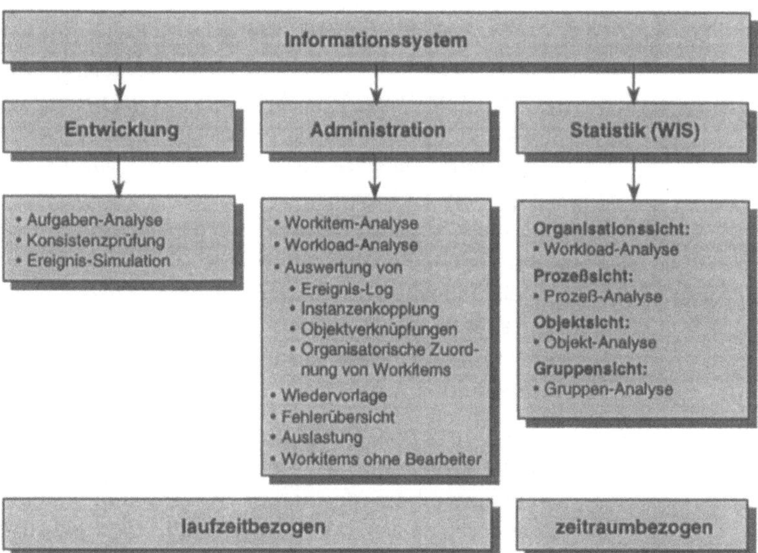

Aufgaben-Analyse

Die Aufgaben-Analyse liefert in übersichtlicher Weise Informationen über definierte Aufgaben und Workflows. Es sind alle Abhängigkeiten, Verknüpfungen und weitere Details verfügbar. Vor allem der Verwendungsnachweis ist hier von Interesse, mit dem herausgefunden werden kann, in welchen Workflows die betreffende Aufgabe vorkommt oder von welchem Benutzer die Aufgabe zu erledigen ist. Die Aufgaben-Analyse stellt ein wesentliches Hilfsmittel während der Entwicklung dar und kann auch sehr gut zur Dokumentation genutzt werden.

Insofern handelt es sich um eine statische Analyse, die keine Laufzeitinformationen enthält.

Konsistenzprüfung

Zur Unterstützung der Workflow-Entwicklung stehen Diagnoseberichte zur Verfügung, die die Konsistenz und Vollständigkeit von definierten Workflows und Aufgaben überprüfen und dokumentieren. Die Workflows werden in einem im Hintergrund ablaufenden Simulationslauf beispielsweise auf fehlende organisatorische Zuordnung hin überprüft. Zu jeder Einzelschrittaufgabe wird die Fehlerhäufigkeit bei der Bearbeiterzuordnung ermittelt.

Ereignissimulation

Die Erzeugung eines Ereignisses kann simuliert werden. Dies ist insbesondere sinnvoll, wenn die Ereigniserzeugung von Seiten der Anwendung noch nicht sichergestellt ist und die Ereigniserzeuger-/ verbraucherkopplung getestet werden soll. Die Auswertung ermittelt alle Aufgaben, die als Verbraucher dieses Ereignisses gestartet würden, aktiviert die gefundenen Aufgaben jedoch nicht, sondern analysiert, ob sie fehlerfrei ablaufen könnten. Um den Workflow-Ablauf testen zu können, kann das Workflow manuell, ohne Angabe eines Ereignisses, aufgerufen und aktiviert werden. Soll Fehlern im Zusammenhang mit der Erzeugung von eigenen Ereignissen und dem Aufruf von Verbrauchern nachgegangen werden, kann die Protokolldatei des transaktionalen RFC nützlich sein. Hier wird die Fehlerursache protokolliert, wenn beispielsweise eine Aufgabe nicht durch ihr auslösendes Ereignis gestartet wird, obwohl das Ereignis sicher erzeugt wird oder wenn die Rückmeldung von Workitems beim Laufzeitsystem ausbleibt.

Workitem-Analyse

Die Workitem-Analyse erlaubt es, sich einen Überblick über die laufenden und abgeschlossenen Vorgänge zu verschaffen. Zu ausgewählten Workitems können statistische Auswertungen, wie beispielsweise die Häufigkeit, die durchschnittliche Bearbeitungsdauer (= Summe aus Liegezeit und Arbeitszeit) oder der Zeitverzug von Aufgaben, durchgeführt werden. Auch die vom Laufzeitsystem überwachten Termindaten, wie etwa die Priorität eines Schrittes oder der gewünschte Start- und Endetermin eines Workitems bzw. bereits ausgelöste Terminüberschreitungen mit Benachrichtigung eines Vorgesetzten, können angezeigt und geändert werden.

Die Workitem-Analyse dient insbesondere einem Workflow-Administrator, der somit manuell in die Verarbeitung und damit in den Ablauf eines Workflows eingreifen kann.

Damit können fehlerhafte Workflows nach erfolgter Änderung erneut gestartet oder logisch gelöscht werden, um andere Workflows nicht zu behindern. Für jedes Workflow wird ein Schrittprotokoll geführt, in dem sämtliche Schritte, deren Bearbeitung bisher begonnen wurde, aufgezeichnet werden. Jeder Statuswechsel mit Angabe der Zeit und der beteiligten Bearbeiter wird in der historischen Reihenfolge aufgelistet. Eventuell aufgetretene Fehler im Ablauf des Workflows werden angezeigt und können mit Hilfe der eingeblendeten Fehlermeldung analysiert werden. Ein technischer Trace protokolliert alle systeminternen Ablaufinformationen. Die Analyse setzt allerdings tiefgehende Kenntnisse über die internen Abläufe des Workflow-Systems voraus und dient hauptsächlich der Beschreibung und Eingrenzung des Fehlers, wenn eine Problemmeldung an SAP erforderlich wird. Die Informationen, die vom Workflow-System beim Auftreten des Fehlers in ein Protokoll geschrieben wurden, werden nach einem manuellen Neustart des Workitems berücksichtigt.

Workload-Analyse

Mit der Workload-Analyse kann die Arbeitsbelastung bezogen auf einzelne Mitarbeiter, Planstellen, Stellen oder Organisationseinheiten ermittelt werden. Die Frage nach der **momentanen Arbeitsbelastung** wird mit dem aktuellen Inhalt der Worklist des Benutzers beantwortet. Es werden alle Einzelschrittaufgaben angezeigt, die dem angegebenen Objekt des Organisationsmanagements potentiell zugeordnet sind. Aufgaben, die bereits angenommen oder in Bearbeitung sind, werden speziell vermerkt. In die Wiedervorlage zurückgelegte Aufgaben werden in der Auswertung **zukünftige Arbeitsbelastung** angezeigt. Als **generellen Workload** werden sowohl momentane als auch zukünftige Workitems zusammengefaßt.

Ereignis-Log

Bei Problemen mit der Ereigniserzeugung kann ein Ereignis-Log eingesehen werden, der alle korrekt erzeugten Ereignisse protokolliert. Potentielle Verbraucher werden zwar ermittelt, die erfolgreiche Weiterverarbeitung wird allerdings nicht getestet. Zu diesem Zweck steht die Ereignissimulation zur Verfügung. Das auslösende Objekt und Programm, der Name des Ereignisses und die Zeit der Auslösung sind abrufbar.

Instanzenkopplung

Zur Laufzeit kann ermittelt werden, welche Objekttypen bzw. Objekte in welchen Workitems verwendet werden. Ermittelt werden Status- und Bearbeiterinformationen, gruppiert nach den verschiedenen Objektinstanzen des ausgewählten Objekttyps.

Hiermit kann untersucht werden, ob ein Objekt evtl. durch andere Objekte behindert oder blockiert wird. Der direkte Eingriff ist unmittelbar möglich.

Objektverknüpfungen

Jedes Workitem kann auf typspezifische Daten (z. B. auf wieviele Ereignisse wird gewartet und wieviele Ereignisse sind bereits eingetroffen?) hin untersucht werden. Die laufzeitspezifischen Daten zu einem konkreten Workitem, d. h. die verwendeten Objekte mit ihren Attributen und Methoden und der Inhalt der verschiedenen Container, können eingesehen und bei Bedarf angepaßt werden.

Wiedervorlage

Es können alle Workitems angezeigt werden, die im integrierten Eingangskorb auf Wiedervorlage gelegt wurden. Die Workitems werden mit ihrem Wiedervorlagedatum angezeigt.

Fehlerübersicht

Mit der Fehlerübersicht können alle Workitems angezeigt werden, die sich im Status fehlerhaft befinden. Normalerweise wird für jedes Workflow innerhalb der Definition ein Administrator festgelegt. Hierbei sollte es sich um eine Person handeln, die in der Lage ist, ein Anwendungsproblem des betreffenden Workflows analysieren und beheben zu können. Wird ein Workitem in den Status fehlerhaft gesetzt, wird der Administrator von dieser Situation in Kenntnis gesetzt. Er erhält eine ausführbare Mail mit der Aufforderung, das fehlerhafte Workitem zu reparieren. Die Fehlerübersicht dient dazu, einen Gesamtüberblick über alle zu einem Zeitpunkt offenen Fehlerzustände zu bekommen und Sofortmaßnahmen einzuleiten.

Auslastung

Die Auslastungsanalyse zielt vorwiegend darauf ab, die Inanspruchnahme der Komponenten des Workflow-Systems zu analysieren und Fehler zu erkennen.

Workitems ohne Bearbeiter

Um herauszufinden, was mit „*verlorenen Workitems*"[1] geschehen ist, steht ein Selektionsreport zur Verfügung. Ausgehend von einer Trefferliste können die gefundenen Workitems tiefer analysiert, direkt verändert oder ausgeführt werden.

WIS

Das Workflow-Informationssystems (WIS) ist eine Komponente des Logistik-Informationssystems (LIS) mit workflow-spezifischen Standardanalysen. Die Datengrundlage für alle Analysen liefern nur beendete Workitems, deren Daten in die Informationsstrukturen des WIS fortgeschrieben werden.

1 „*Verlorene Workitems*" sind Workitems, die in keinem bzw. nicht im erwarteten Eingangskorb erscheinen.

Diese Tabellen enthalten die auswertungsrelevanten Daten in verdichteter Form. Für individuelle Auswertungen können auch spezifische Informationen aus dem Umfeld eigener Workflows aufgenommen werden. Unabhängig vom operativen Betrieb stehen die WIS-Tabellen für eine performante Auswertung zur Verfügung. Mit diesen Informationen können vorgangsbezogene Auswertungen über einzelne Prozesse gewonnen werden, die vorwiegend bei der weiteren Optimierung der Prozesse von Nutzen sein können. Dies wird erreicht durch die Ermittlung von folgenden Kennzahlen:

Kennzahlen

- Anzahl der bearbeiteten Workitems (*n*)
- Kumulierte Liegezeit von Workitems
- Kumulierte Bearbeitungszeit von Workitems
- Kumulierte Gesamtzeit von Workitems
- Mittlere Liegezeit (kumulierte Liegezeit / *n*)
- Mittlere Arbeitszeit (kumulierte Arbeitszeit / *n*)
- Mittlere Gesamtzeit (kumulierte Gesamtzeit / *n*)
- Streuung (=mittlere quadratische Abweichung) der mittleren Gesamtzeit
- Streuung der Liegezeit
- Streuung der Arbeitszeit
- Quadratsumme der Liegezeit
- Quadratsumme der Arbeitszeit

Standardanalysen

Die Standardanalyse **Organisationssicht** selektiert Workitems nach aufbauorganisatorischen Gesichtspunkten, so daß der Bearbeiter oder dessen Abteilung im Mittelpunkt stehen. Fragen wie: „Wer hat wann was gemacht?“ „Wie lange hat er dafür gebraucht?“ können mit dieser Analyseart beantwortet werden.

Die Standardanalyse **Prozeßsicht** selektiert Workitems nach ablauforganisatorischen Gesichtspunkten, so daß der übergeordnete Workflow und die zugehörige Mehrschrittaufgabe im Mittelpunkt stehen. Die Fragestellung hierbei dürfte sein: „In welchem Zusammenhang und zu welchem Zweck wurde wann was gemacht und wie lange hat man dafür gebraucht?“

Die Standardanalyse **Objektsicht** selektiert Workitems eines bestimmten Objekttyps. Diese Auswertung wird immer dann benötigt, wenn beispielsweise mehrere Prozesse (Workflows) im gleichen Umfeld aktiv sind und ein Gesamtüberblick gesucht wird. Die Frage hier könnte sein: „Was wurde mit Materialstämmen gemacht und wie lange hat man dafür gebraucht?“

Die Standardanalyse **Gruppensicht** selektiert Workitems, die zu einer bestimmten Gruppe zählen. Bei dieser Analyseart wird zwar von einem Objekttypen wie bei der Objektsicht ausgegangen, dieses Objekt ist allerdings nicht das zentrale Objekt, das im Workitem unmittelbar bearbeitet wird. Vielmehr liegt das Interesse auf einem Objekt, das im Umfeld des Prozesses als Ordnungskriterium eine Rolle spielt. Eine Fragestellung könnte hier beispielsweise lauten: „Welche Fertigungsaufträge wurden zu den Kundenaufträgen 1, 15 und 28 wann und in welcher Zeit abgearbeitet?" Die Voraussetzungen zur Durchführung von Analysen dieser Art müssen allerdings bereits bei der Workflow-Entwicklung gelegt werden.

3.2.3 Organisationsmanagement

Die Schicht 3 der SAP Business Workflow Architektur (siehe Abb. 3.11) beschreibt die Integration aufbauorganisatorischer Strukturen in das Workflow-System. Als unternehmensweit und anwendungsübergreifend geltende Komponente wird zu diesem Zweck das Organisationsmanagement des PD-Moduls herangezogen. Organisatorische oder personelle Veränderungen müssen so nur einmal angepaßt werden. Außerdem ist das Organisationsmanagement zeitgebunden, wodurch die Planung und Vorbereitung von neuen Strukturen vorgenommen und die Aktivierung zu einem festgelegten Zeitpunkt erfolgen kann. Auch ein Vertretungskonzept ist integriert. Diese Mechanismen ermöglichen es, erst zur Laufzeit eines Workflows einen zuständigen Bearbeiter einer Aufgabe dynamisch zu ermitteln.

Organigramm

Eine Aufbauorganisation wird durch die im Unternehmen i. d. R. hierarchisch angeordneten Organisationseinheiten beschrieben (Organigramm). Organisationseinheiten i. d .S. sind betriebswirtschaftlich sinnvoll zusammengefaßte organisatorische Teilbereiche wie etwa Abteilungen, Gruppen, Projektteams usw. Durch Verknüpfung von Organisationseinheiten wird eine hierarchische Berichts- bzw. Leitungsstruktur und die organisatorische Verantwortung zum Ausdruck gebracht. Jede Organisationseinheit wird durch einen Besetzungsplan näher beschrieben.

Planstellen

Der Besetzungsplan setzt sich aus einer Reihe von Planstellen zusammen, die die potentiellen Sollmitarbeiter definieren, unabhängig von ihrer derzeitigen Besetzung. Vakante Planstellen werden im Rahmen der Bewerberverwaltung verwendet. Planstellen könnten beispielsweise sein: *Einkaufsleiter, Rohmaterialdisponent für Produktgruppe A.*

Eine Planstelle ist immer eindeutig mit einer Organisationseinheit verknüpft und kann mit dem Attribut *Leiterplanstelle* versehen werden. Diese Information genügt dem Workflow-System, um ein Workitem an den Vorgesetzten eines Mitarbeiters zu adressieren.

Stellen

Die Planstellen ihrerseits werden durch Stellen beschrieben. Eine Stellendefinition (bspw. Manager, Disponent) ist vergleichbar mit der bisher evtl. manuell verwendeten Stellenbeschreibung. Aufgaben (z. B. Bestellungen abwickeln, Bestellanforderungen prüfen) oder Anwendungskomponenten[1] werden mit Stellen verknüpft, beschreiben damit diese Stellen und legen deren Tätigkeitsprofil fest. Stellen sind i. d. R. organisationseinheitenübergreifend, d. h. nicht wie Planstellen mit einer Organisationseinheit verknüpft. Alle aus einer Stelle abgeleiteten Planstellen erben das Tätigkeitsprofil der Stelle. Die Zuordnung einer Aufgabe zu ihren möglichen Bearbeitern kann indirekt durch eine Verknüpfung der Benutzer mit den Stellen, seltener auch mit den Organisationseinheiten oder Planstellen erfolgen. Allerdings sollten solche personenbezogenen Zuordnungen gezielt und mit Bedacht eingesetzt werden, da sie Pflegeaufwand nach sich ziehen.

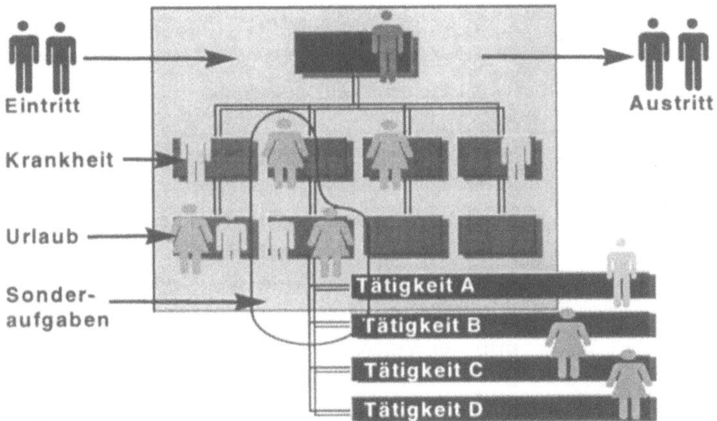

Abbildung 3.16: Flexible Aufbauorganisation

1 Als wesentliche Erleichterung kann neben der unmittelbaren Verknüpfung von Aufgaben zu Stellen auch die Zuordnung einer Anwendungskomponente erfolgen. Diese Komponenten fassen bereits mehrere Aufgaben in einem Tätigkeitsprofil zusammen und es genügt **eine** Zuordnung anstelle der expliziten Zuordnung mehrerer Einzelaufgaben.

Tätigkeitsprofil

Die Verknüpfung zwischen Workflow-System und Organisationsmanagement erfolgt über die Tätigkeiten, die ein Mitarbeiter zu erledigen hat. Aus Workflow-Sicht entsprechen diesen Tätigkeiten Einzelschrittaufgaben. Es ist erforderlich, das individuelle Tätigkeitsprofil aller Mitarbeiter bzw. Benutzer zu erstellen oder anders formuliert, es ist für jeden Mitarbeiter die organisatorische Einordnung in die unternehmensspezifische Aufbauorganisation zu beschreiben. Hierbei sind alle Verknüpfungskonstellationen denkbar, wie aus Abbildung 3.16 ersichtlich ist. So können beispielsweise einer Person mehrere Tätigkeiten aber auch einer Tätigkeit mehrere Sachbearbeiter zugeordnet werden. In letzterem Fall erhält jeder der genannten Sachbearbeiter zur Laufzeit ein Workitem in seinem Posteingangskorb. Nimmt eine Person die Tätigkeit an, verschwindet die Aufgabe bei den anderen Mitarbeitern.

Vertretung

Bei konsequenter Pflege der Organisationsdaten ist auch das Vertretungs- bzw. Versetzungsproblem gelöst. Der bisherige Inhaber einer Planstelle wird durch den neuen Mitarbeiter ersetzt, der damit alle Aufgaben übernimmt und sofort die entsprechenden Einträge in seinem Eingangskorb sieht. Ein funktionales Vertretungskonzept ist - wie in Kapitel 3.1.1 bereits angesprochen - im integrierten Eingangskorb eingebettet. Gibt der Anwender dort für einen gewissen Zeitraum einen Vertreter an, erfolgt dadurch ein temporärer Eintrag des Vertreters in den Aufbauorganisationsdaten. Da Workitems einem Benutzer immer erst beim Aufruf des integrierten Eingangskorbes aufgrund seiner aktuellen organisatorischen Einordnung zugewiesen werden, wird gewährleistet, daß der verfügbare Bearbeiter stets die Aufgaben seines Kollegen erhält. Selbst Workitems, die zum Zeitpunkt der Übernahme der Vertretung durch einen anderen Mitarbeiter bereits im eigenen Eingangskorb sichtbar waren, werden nun der Vertretung zugeordnet.

Rollen

Eine Sonderstellung nehmen in diesem Zusammenhang die sog. Rollen ein. In der Rollendefinition wird bestimmt, wer (eine Gruppe oder Person) aus betriebswirtschaftlicher, funktional orientierter Sicht für die Bearbeitung einer Aufgabe in Frage kommt. Den Rollen (z. B. Kundensachbearbeiter) werden bei der Definition nicht nur Aufgaben zugeordnet, sondern es können Regeln zur Rollenauflösung definiert werden. Rollen ermöglichen somit die Einschränkung der möglichen Bearbeiter in Abhängigkeit von den Instanzdaten. Die Rollenauflösung geschieht zur Laufzeit durch den Worklist-Manager.

Im folgenden Beispiel wird die Abhängigkeit zwischen einem Objekt, der dazugehörenden Aufgabe und die Ermittlung der zuständigen Person aus der Aufbauorganisation gezeigt. Im Szenario soll der zuständige Sachbearbeiter für die Aufgabe *„Beleg buchen"* gefunden werden. Die Aufgabe ist dazu mit der Rolle *„Buchungssachbearbeiter"* verknüpft, die wiederum mit mehreren Sachbearbeitern verbunden ist. Die Sachbearbeiter sind in Abhängigkeit der Rechnungshöhe für bestimmte Kunden zuständig. Als Parameter für die Rolle sind deshalb Kundenname und Rechnungshöhe angegeben, wodurch zur Laufzeit diese Abhängigkeiten überprüft und der tatsächlich zuständige Sachbearbeiter für den Kunden *H. Müller KG*, Rechnungshöhe: *58.300 DM* ermittelt wird.

Abbildung 3.17: Dynamische Rollenauflösung

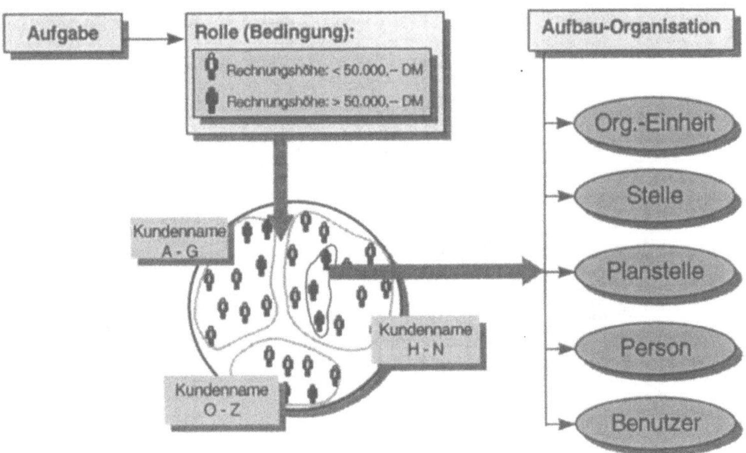

3.2.4 Ereignisgesteuerte Prozeßkette

Die Definition von Workflows ist in Form von ereignisgesteuerten Prozeßketten vorzunehmen. Diese am Institut für Wirtschaftsinformatik in Saarbrücken entwickelte Modellierungsmethode stellt eine Verbindung von Bedingungs-Ereignisnetzen der Petrinetz-Theorie mit Verknüpfungselementen, wie sie z. B. von dem stochastischen Netzplan-Verfahren GERT verwendet werden, dar. Zielsetzung war die Darstellung und Analyse zeitlich-logischer Ablauffolgen von Funktionen. Dementsprechend wird ein gerichteter, bipartiter Graph dargestellt, der einen betrieblichen Ablauf mit Hilfe von fünf Elementen verkörpert.

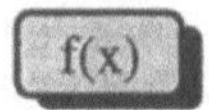

Funktionen werden als abgerundete Rechtecke dargestellt und repräsentieren Aufgaben, Funktionen, Detail- oder Teilfunktionen und Elementarfunktionen. Bei der Modellierung von Prozeßketten muß sichergestellt sein, daß sich diese unterschiedlichen Detaillierungsstufen von Funktionen in einem Prozeß auf der gleichen Ebene befinden. Als aktive und zeitverbrauchende Knoten nehmen Funktionen Daten auf und geben Daten zur Entscheidung des weiteren Prozeßverlaufs wieder ab.

Ereignisse repräsentieren im Gegensatz zu den dynamischen Komponenten der Funktionen zeitpunktbezogene Situationen und sind somit statisch. Sie werden als Sechsecke dargestellt und besitzen keine Entscheidungskompetenz. Ein Ereignis ist auf einen Zeitpunkt bezogen und kann als Auftreten eines Objektes oder Änderung einer bestimmten Attributausprägung definiert werden. Ereignisse steuern Prozeßabläufe.

Verknüpfungsoperatoren werden als Kreise mit entsprechenden Symbolen abgebildet und dienen zur Darstellung von nichtlinearen Prozeßverläufen. Zur Abbildung logischer Beziehungen zwischen Ereignissen und Funktionen werden die drei Operatoren UND ($\wedge$), ODER ($\vee$) und exklusives ODER (**XOR**) verwendet.

Prozeßwegweiser stellen eine Verbindung zu einem oder mehreren vor- oder nachgelagerten Prozessen her und erlauben damit, mehrere ePKs zu verschachteln. Damit ist die Voraussetzung geschaffen, um komplizierte Abläufe in modulare, überschaubare Teilprozesse mit abgegrenzter Funktionalität zu zerlegen.

Der **Kontrollfluß**, also die Reihenfolge, in der die einzelnen Knoten durchlaufen werden und der Zusammenhang von Ursache und Wirkung zwischen den Objekten, wird mit einer gestrichelten Linie mit einer Pfeilspitze dargestellt.

Mit Ausnahme der **Verknüpfungsoperatoren** dürfen nur unterschiedliche Knotentypen miteinander in Verbindung gesetzt werden. Diese Ausnahme beruht auf der ursprünglichen Schreibweise, nach der zwei logische Beziehungen pro Verknüpfungsoperator möglich waren. Zur besseren Lesbarkeit sind im Workflow-Editor daraus zwei einzelne, miteinander verbundene Operatoren entstanden. Eine Funktion kann dadurch von mehr als einem Ereignis ausgelöst werden bzw. kann selbst mehrere Ereignisse erzeugen. Umgekehrt kann auch ein Ereignis ein Ergebnis von mehreren Funktionen sein bzw. selbst mehr als eine Funktion auslösen.

Allerdings ist zu beachten, daß bei einer Beziehung zwischen einem auslösenden Ereignis und mehreren Funktionen Adjunktion und Disjunktion nicht angewendet werden dürfen, denn Ereignisse können gemäß Definition als bloße Zustandsänderung nicht entscheiden, welche Funktion sie auslösen und welche nicht.

Die folgenden Beispiele zeigen einige Modellierungsmöglichkeiten einer ePK und sollen insbesondere ihre Fähigkeiten zum Ausdruck bringen, falls die Methode noch nicht angewandt wurde.

Abbildung 3.18: Ereignisgesteuerte Prozeßketten (Konstrukte) Quelle: [12]

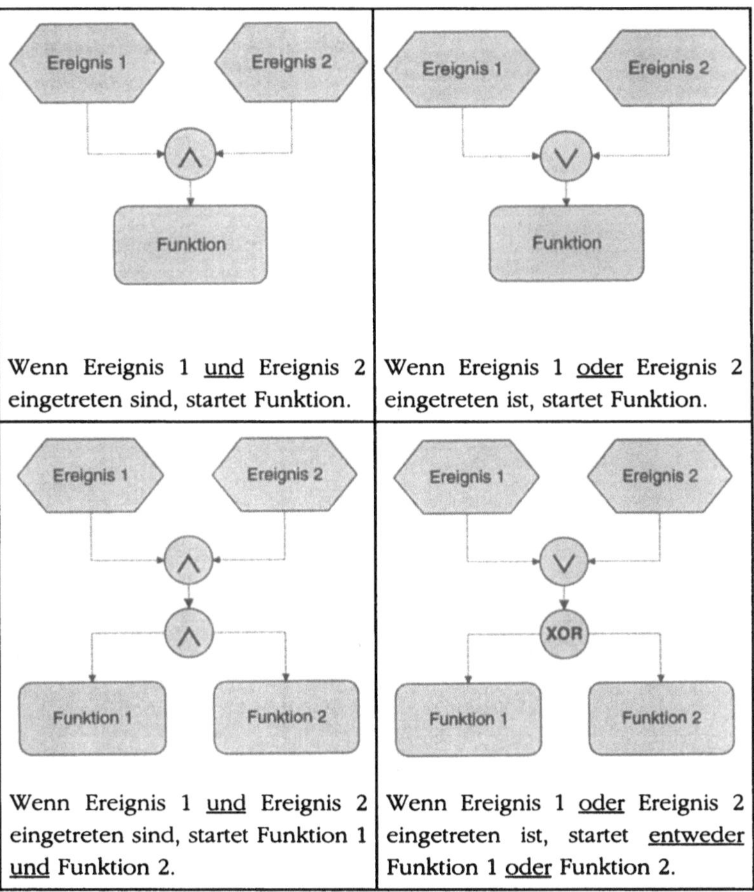

<table>
<tr>
<td>
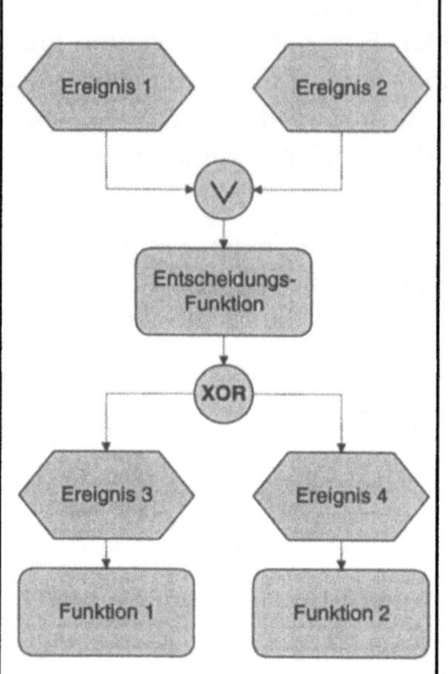

Wenn Ereignis 1 oder Ereignis 2 eingetreten ist, ermittelt die Entscheidungsfunktion, ob entweder Ereignis 3 oder Ereignis 4 eintritt.
</td>
<td>
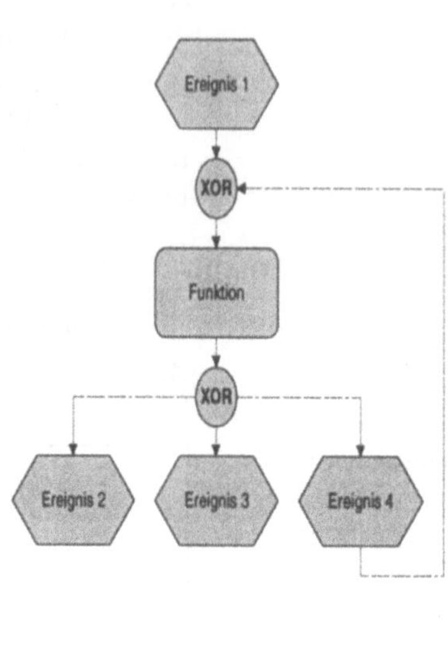

Wenn entweder Ereignis 1 oder Ereignis 4 eingetreten ist, wird Funktion gestartet. Das Ergebnis von Funktion entscheidet über das Folgeereignis. Bei Ereignis 4 wird Funktion wiederholt.
</td>
</tr>
<tr>
<td>
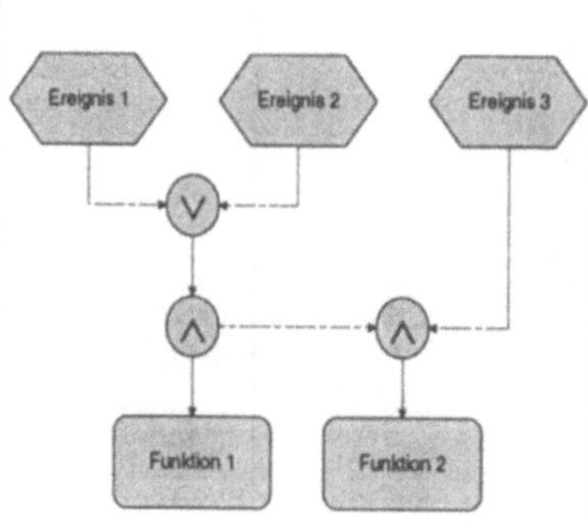

Wenn Ereignis 1 oder Ereignis 2 eingetreten ist, startet Funktion 1.

Wenn Ereignis 1 oder Ereignis 2 und Ereignis 3 eingetreten sind, startet Funktion 2.
</td>
<td>
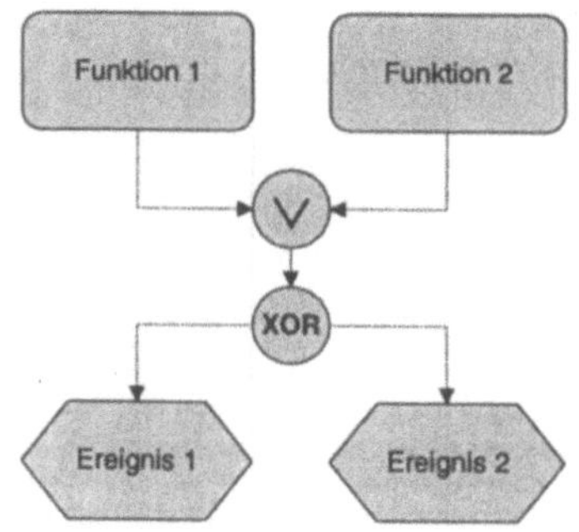

Wenn Funktion 1 oder Funktion 2 abgeschlossen ist, tritt entweder Ereignis 1 oder Ereignis 2 ein.
</td>
</tr>
</table>

Jede Prozeßkette hat einen definierten Ein- und Ausgang, der in Form von einem oder mehreren Ereignissen dargestellt werden muß. Ein SAP-Workflow stellt dazu die beiden internen Ereignisse *Workflow gestartet* und *Workflow beendet* zur Verfügung. Zusätzliche auslösende Ereignisse werden als weitere Ein- oder Ausgänge hinzugefügt. Insofern sind die abgebildeten Beispiele keine Prozeßketten, sondern lediglich abgeschlossene Blöcke innerhalb eines Prozesses. Der grafische Workflow-Editor des SAP Business Workflow läßt nur die Definition abgeschlossener Blökke als elementares Strukturelement zu und gewährleistet dadurch die Konsistenz der Workflow-Definition. Außerdem können abgeschlossene Blöcke ineinander verschachtelt werden. Bei der Modellierung einer ePK im SAP Workflow-System werden die einzelnen Schritte nicht als grafisch-visuelle Freihandzeichnung erzeugt, sondern eine blockorientierte Modellierung soll zur Konsistenz und Robustheit der neuen Workflow-Definitionen beitragen. Aus einem Werkzeugkasten können alle vorhandenen Elemente entnommen und an der gewünschten Stelle eingebaut werden. Deshalb sind die aus der ePK bekannten Begriffe weiter zu verfeinern. Im Einzelnen bietet der Werkzeugkasten folgende Funktionsarten an, die näher erläutert werden.

Abbildung 3.19: Funktionsarten zur Workflow-Definition

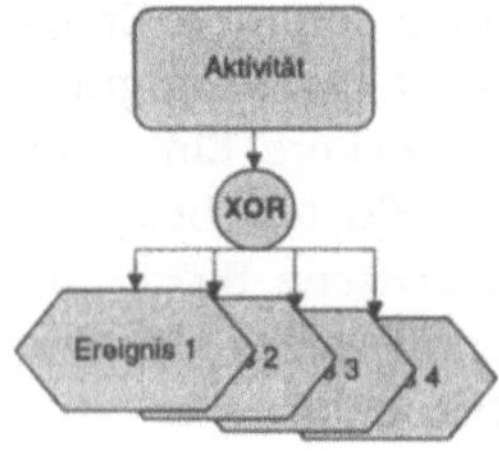

Eine **Aktivität** enthält eine Referenz auf eine Aufgabe. Diese Aufgabe kann sowohl eine Einzelschrittaufgabe mit elementarer betriebswirtschaftlicher Funktion als auch eine Mehrschrittaufgabe, also ein verschachteltes Sub-Workflow sein. Eine strukturierte Aufteilung mit Hierarchiebildung ist somit möglich. Eine Aktivität erlaubt die Steuerung der Folgeereignisse durch die Rückgabe eines Ergebnisparameters. Auch Terminierungsdaten (späteste Start- und Endetermine der Aufgabe) und Zuständigkeiten (z. B. Bearbeiter bei Terminüberschreitung) können hier definiert werden. Der Begriff *Aktivität* entspricht folglich dem Begriff *Funktion* bei den ePKs.

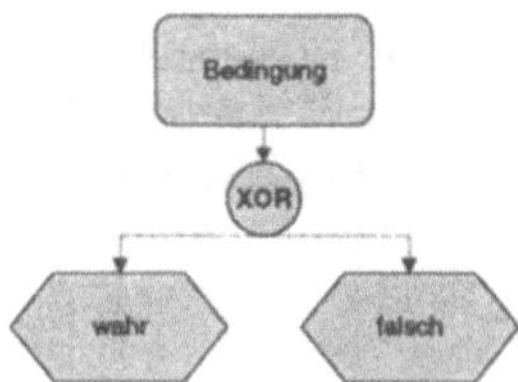

Eine **Bedingung** ist eine zweiseitige Verzweigung (if) im Ablauf und erfolgt aufgrund von laufzeitabhängigen Informationen, die als Werte im Workflow-Container oder als Objektattribute verfügbar sind. Sie dient zur dynamischen Behandlung von Geschäftsprozessen in Abhängigkeit von der Datenkonstellation.

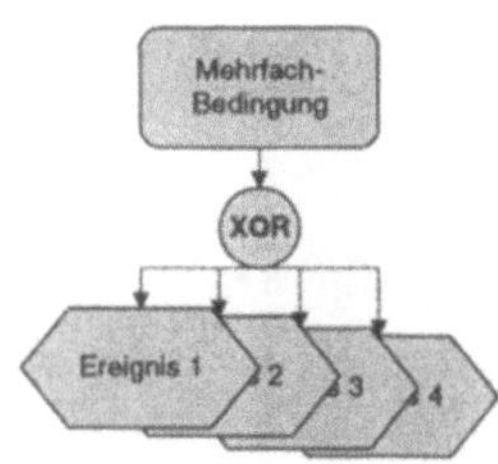

Eine **Mehrfachbedingung** erlaubt im Gegensatz zur Bedingung die Verzweigung in mehr als zwei Aste (case). Der laufzeitabhängige Kontext kann mit Konstanten, anderen Containerelementen oder Objektattributen und Systemfeldern verglichen werden.

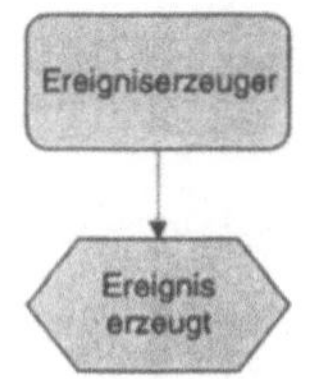

Ein **Ereigniserzeuger** erzeugt bei Erreichen dieses Schrittes im Workflow ein publiziertes Ereignis. Als Reaktion kann ein anderes Workflow ausgelöst oder eine aktive Einzelschrittaufgabe beendet werden. In Verbindung mit Warteschritten können hiermit auch parallel laufende Verarbeitungszweige gesteuert werden.

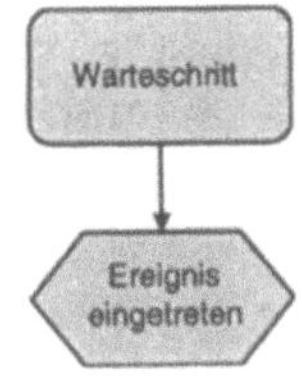

Mit einem **Warteschritt** (Warten auf Ereignis) kann zur Laufzeit auf ein bestimmtes Ereignis gewartet werden. Die weitere Ausführung in diesem Zweig des Workflows wird erst dann fortgesetzt, wenn das Ereignis eingetroffen ist. Warteschritte sind insbesondere innerhalb paralleler Verarbeitungszweige von Interesse, um auf Ereignisse zu warten, die die Verarbeitung in den anderen Zweigen überflüssig machen oder beenden.

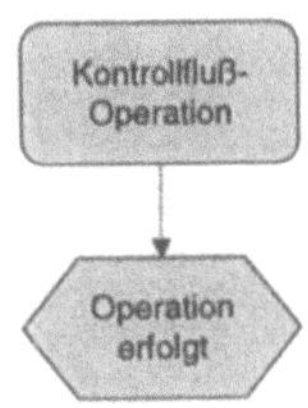

Die **Ablaufsteuerung** dient zum Abbrechen eines Workitems oder eines Workflows. Der Abbruch eines Workitems kann bei parallel ablaufenden Verarbeitungsschritten nötig werden. Der Abbruch eines Workflows kann verwendet werden, wenn durch Ergebnisse eines Workflows der Ablauf eines anderen Workflows gestoppt werden soll.

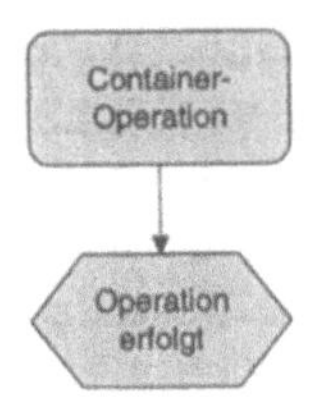

Mit einer **Containeroperation** kann auf die einzelnen Elemente des Workflow-Containers Einfluß genommen werden. Wertzuweisungen und mathematische Operationen mit den vier Grundrechenarten sind möglich.

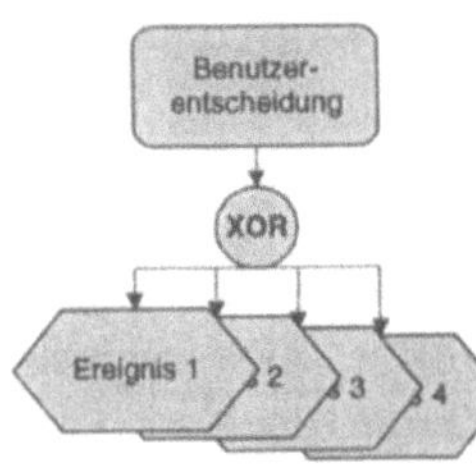

Eine **Benutzerentscheidung** stellt dem zuständigen Bearbeiter wie eine Aktivität zur Laufzeit ein Workitem in den Eingangskorb. Zusätzlich wird eine Abfrage definiert, die vom Bearbeiter zu entscheiden ist und deren Beantwortung über die Auswahl des Nachfolgeschrittes entscheidet (Bsp.: Es soll vom Benutzer erfragt werden, ob ein Beleg zur Buchung freigegeben werden kann oder nicht).

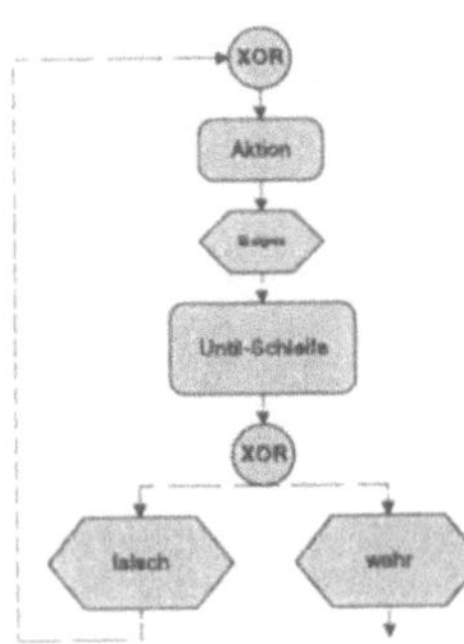

Eine **Schleife** erlaubt das wiederholte Abarbeiten von Schritten unter bestimmten Bedingungen. Unter Bezug auf den Zeitpunkt, bspw. wann die Abhängigkeiten ausgewertet werden, stehen zwei Varianten zur Verfügung.

Bei der **Until-Schleife** erfolgt die Bedingungsprüfung - mit dem gleichen Mechanismus wie bei der *Bedingung* - erst nach abgearbeitetem Schleifenkörper. Die Schleife wird verlassen, wenn die Bedingungsauswertung erfolgreich ist (wahr).

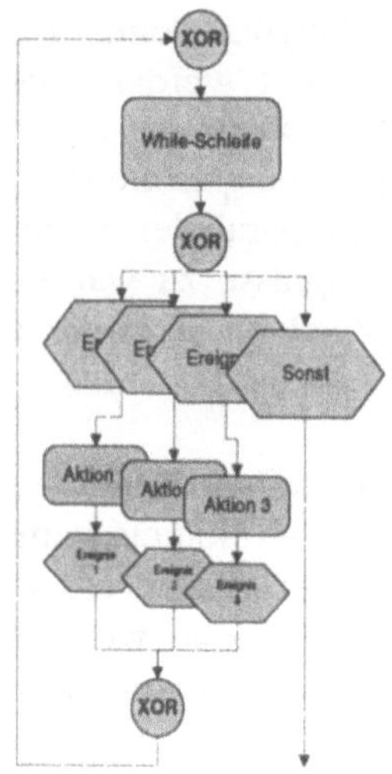

Bei der **While-Schleife** werden bei erfolgreichem Vergleich mit der Vergleichsbasis die im Schleifenkörper implementierten Schritte abgearbeitet und die Bedingungsprüfung - mit dem gleichen Mechanismus wie bei der *Mehrfachbedingung* - wiederholt. Die Schleife wird verlassen, wenn die Vergleichsbasis mit keinem der Vergleichswerte übereinstimmt (Sonst). Die While-Schleife kann sinnvoll eingesetzt werden, wenn zur Ausführungszeit nur eine von mehreren möglichen Alternativen im Ablauf des Workflows betriebswirtschaftlich sinnvoll durchlaufen werden kann und anschließend der Vergleich erneut durchgeführt werden soll oder wenn das Workflow-System selbständig (ohne Benutzerinteraktion) aufgrund der Inhalte im Workflow-Container eine Entscheidung treffen kann.

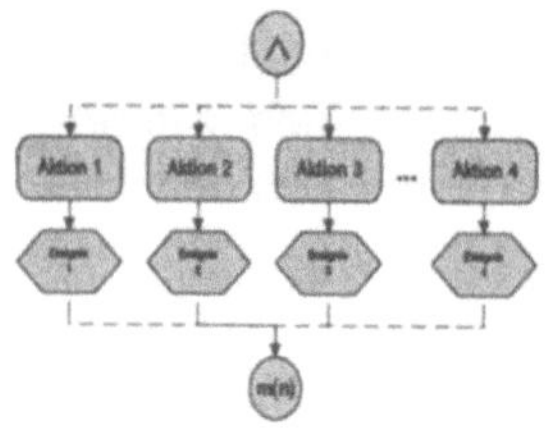

Ein **Paralleler Abschnitt** dient zur Anordnung von unabhängigen Schritten in jeweils eigenen, parallel ablaufenden Verarbeitungszweigen. Hier kann angegeben werden, daß nur ein Teil der parallelen Schritte vom Workflow tatsächlich durchlaufen werden muß, um die Folgeschritte fortsetzen zu können (*m* aus *n*-Logik). Am Ende des parallelen Abschnitts wird ermittelt, wieviele Abschnitte zur Laufzeit durchlaufen wurden. Dieser Ausdruck kann für den weiteren Workflow-Ablauf ausgewertet werden.

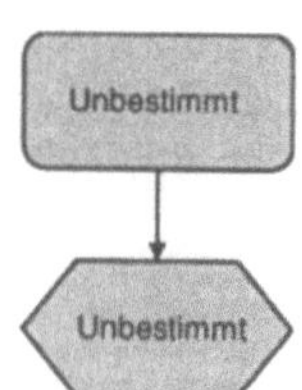

Eine **Unbestimmte Aktivität** dient vorwiegend der Sicherstellung der blockorientierten Arbeitsweise des Workflow-Editors und ist als systeminterne Aktivität anzusehen. Eine erstmalig im Workflow-Editor aufgerufene Workflow-Definition enthält lediglich eine unbestimmte Aktivität, die durch Anklicken in eine *echte Aktivität* umgewandelt werden kann. Als Ergebnis erscheint die neue Aktivität und im logischen Anschluß daran wiederum eine unbestimmte Aktivität, die dann wieder in eine spezifische Aktivität umgewandelt werden kann. Vor Fertigstellung eines Ablaufs können nicht mehr benötigte unbestimmte Schritte gelöscht werden.

Zusätzliche grafische Angaben wie Zuständigkeit oder Datenfluß zwischen den einzelnen Schritten erhöhen die Aussagekraft und Lesbarkeit der ePKs. Solche Angaben werden vom Workflow-Editor allerdings nicht im Flußdiagramm visualisiert, obschon sie in der Workflow-Definition zu definieren sind. Die weitere Beschreibung unterbleibt aus diesem Grunde.

Die Verwendung von ePKs ist ursprünglich eine Technik zur Geschäftsprozeßmodellierung. Da eine scharfe Abgrenzung zwischen Geschäftsprozeß- und Workflow-Modellierung[1] nicht möglich ist und sie sich in ihrem Untersuchungsgegenstand und ihren Untersuchungszielen überlappen, liegt es nahe, auch die gleichen bzw. ähnliche Untersuchungstechniken anzuwenden. Es ist zu erwarten, daß Geschäftsprozeßmodellierung und Workflow-Modellierung weiter zusammenwachsen werden.

Abbildung 3.20: Die ePK als Bindeglied zwischen den SAP-Komponenten Quelle: [44]

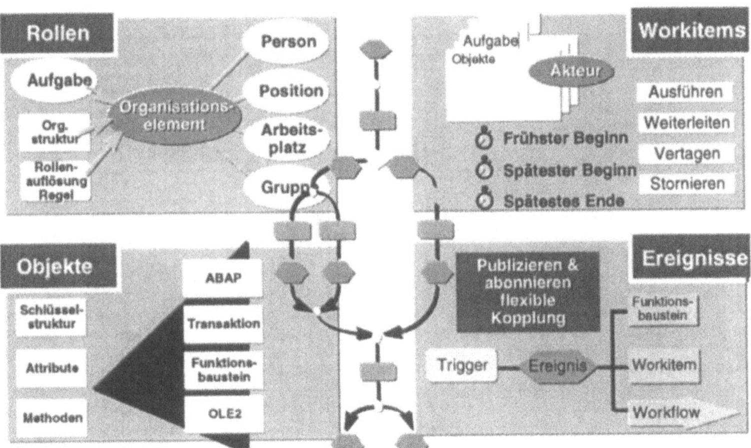

---

1 Nach Amberg ermöglichen in der **GP-Modellierung** hierarchische Modelle die Einordnung wesentlicher und unwesentlicher Aspekte auf unterschiedlichen Detaillierungsstufen. Änderungen auf einer höheren Abstraktionsstufe haben i. a. Auswirkungen auf größere Bereiche tieferer Detaillierungsstufen. Dagegen werden bei der **WF-Modellierung** eher flache Modelle erstellt. Die Gruppierung von Aktivitäten in Prozesse, die gegebenenfalls mehrstufig ineinander geschachtelt sein können, dienen eher der Strukturierung.

3.2.5 Funktionsweise

Bisher wurden die einzelnen Komponenten des SAP Business Workflow und die ereignisgesteuerten Prozeßketten als Modellierungswerkzeug losgelöst voneinander dargestellt. Wie die ePKs als Vermittler zwischen Objekten, Ereignissen, Workitems und Rollen fungieren und welche Komponenten zu welchem Zeitpunkt zum Einsatz kommen, soll in diesem Kapitel erläutert werden, indem ein Workflow Schritt für Schritt während der Laufzeit beobachtet wird.

Abbildung 3.21: Interaktion der Komponenten
Quelle: [42], angepaßt und ergänzt

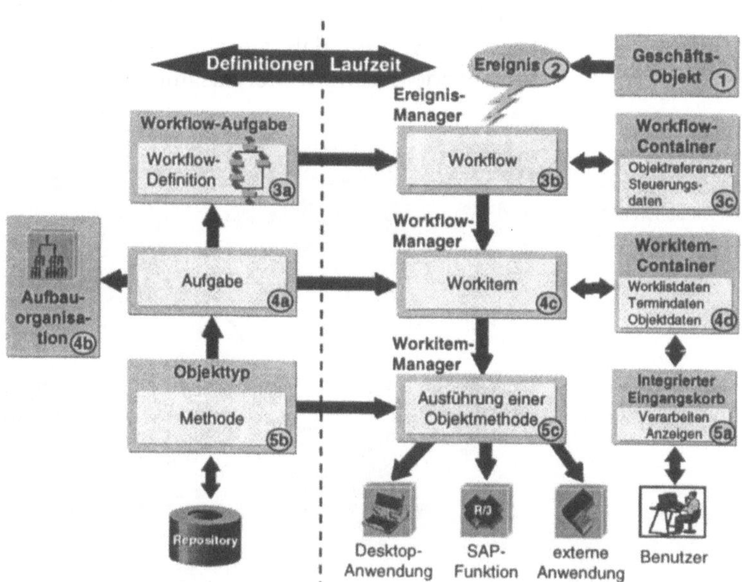

Die Rolle der Geschäftsobjekte im Workflow-Ablauf

Die Grundlage jeglicher Workflow-Ausführung ist ein Geschäftsobjekt eines bestimmten Objekttyps *{1}*[1]. Tritt eine Zustandsänderung des Objektes ein, das als Ereignis des Objekttyps definiert ist, wird das Ereignis erzeugt *{2}* und damit dem Ereignismanager bekannt gemacht (publish). Über potentielle Interessenten des Ereignisses braucht das ereigniserzeugende Objekt selbst nichts zu wissen; diese bekunden ihr Interesse vielmehr durch den Eintrag in die Ereignis-Verbraucher-Kopplungstabelle (subscribe).

1 Die Angaben in geschweiften Klammern beziehen sich auf die Ziffern in Abbildung 3.21.

Der Ereignismanager überprüft daraufhin die Einträge in der Kopplungstabelle, nimmt die Zuordnung vor und übergibt die Ereignisparameterdaten an den Verbraucher. Wird ein Workflow als Verbraucher ermittelt, so wird in diesem Moment die betreffende Workflow-Aufgabe aus dem Definitionsvorrat geladen *(3a)*, eine Workflow-Instanz mit allen zur Steuerung des Workflows notwendigen Informationen und Verweisen auf das Geschäftsobjekt angelegt *(3b)* und im Workflow-Container abgelegt *(3c)*. Durch den Workflow-Manager wird ermittelt, welcher Schritt als nächstes auszuführen ist.

Handelt es sich um eine Aufgabe, wird diese aus dem Definitionsvorrat der Einzelschrittaufgaben geladen *(4a)*, aus der Aufbauorganisation oder durch eine Rollenauflösung der zuständige Bearbeiter für diese Aufgabe ermittelt *(4b)*, eine Workitem-Instanz mit allen zur Steuerung der Worklist notwendigen Informationen, Termindaten und Verweisen auf das Geschäftsobjekt angelegt *(4c)* und im Workitem-Container abgelegt *(4d)*.

Öffnet ein Benutzer seinen Eingangskorb, ermittelt der Workitem-Manager alle Workitems für diesen Benutzer und erstellt erst zu diesem Zeitpunkt die individuelle Worklist *(5a)*. Nun bestimmt der Bearbeiter den weiteren Ablauf des Prozesses. Aktiviert er das Workitem zur Ausführung, wird durch den Workitem-Manager die in der Einzelschrittaufgabe angegebene Objektmethode geladen und gestartet *(5b)*. Die eigentliche Ausführung der Methode wird unabhängig vom Workflow-System durch SAP-Basisfunktionen gesteuert *(5c)*. Nach Beendigung der Methode wird ein Ergebnis an das Workflow-System zurückgemeldet und vom Workitem-Manager ausgewertet. Unabhängig von der Aufgabendefinition wird ermittelt, ob die Ausführung der Methode erfolgreich war, oder ob eine sogenannte Ausnahmebehandlung eingetreten ist. Zusätzlich kann die Rückmeldung je nach Definition aus unterschiedlichen Rückgabewerten unterschiedliche Folgeereignisse ableiten. Der Kreis schließt sich, indem das Ereignis publiziert wird und dadurch weitere Workflow-Schritte oder andere Workflows ausgelöst werden.

Alle beschriebenen Schritte werden vom Workflow-System mit allen Laufzeitdaten, Zwischenergebnissen und Statusmeldungen genau protokolliert und können von Zeit zu Zeit durch einen Administrator ausgewertet werden. Das Prozeßmonitoring (vgl. Kapitel 3.2.2) gibt einen Überblick über die laufenden und abgeschlossenen Vorgänge einschließlich ihrer einzelnen Schritte und Workitems.

Für das Management sind vor allem statistische Analysen und Trendbetrachtungen von Interesse. Wenn beispielsweise ein Prozeß mit durchschnittlich 40% Ausnahmebehandlungen beendet wurde, ist das ein Anzeichen dafür, daß dieser Prozeß neu untersucht bzw. geregelt werden muß. Somit stellen die Prozeßauswertungen die Basisdaten für Kosten-, Impact- und Effektivitätsanalysen zur Verfügung, die derzeit bei den meisten Unternehmen gar nicht oder nur mit sehr hohem Aufwand durchgeführt werden.

3.3 Hilfsmittel bei der Workflow-Erstellung

SAP R/3 stellt mit der Business Engineering Workbench eine integrierte Entwicklungsumgebung bereit, die sich aus Methoden, Modellen, Werkzeugen und Programmierschnittstellen zusammensetzt. Sie enthält als Referenzmodelle das sog. R/3-Business-Repository, in dem rund 800 Geschäftsprozesse und über 800 Geschäftsobjekte abgelegt sind. Als grafisches Werkzeug zur Darstellung der Geschäftsprozesse dient der Business Navigator. Die Geschäftsobjekte werden mit Hilfe des Objektrepository textuell gepflegt. Beide Hilfsmittel dienen neben der Visualisierung und Fehler- bzw. Schwachstellenanalyse auch eingeschränkt der Modellierung von Geschäftsprozessen und sind somit bei der Modellierung von Workflows interessant. Insbesondere helfen sie bei der Identifikation von vorhandenen Repository-Einträgen. Gefundene Objekte und Prozesse können für eigene Workflow-Definitionen unverändert weiterverwendet, erweitert oder angepaßt werden.

3.3.1 Business Navigator

Arbeitsabläufe unterliegen einem kontinuierlichen Wandel durch Veränderungen des Marktes und anderen externen Einflüssen. Geschäftsprozesse müssen jederzeit anpaßbar sein, wozu ein Medium benötigt wird, mit dem die Prozesse einfach und schnell zu durchschauen und anzupassen sind.

Grafische Darstellung der SAP Standard-Funktionalität

Aus der Vielzahl der Geschäftsprozesse des R/3-Systems sind die wichtigsten (ca. 800) als sogenanntes R/3-Referenzmodell in grafischen Ablaufdiagrammen offengelegt. Es zeigt Lösungsvorschläge für betriebswirtschaftliche Vorgänge unabhängig von Branche und Unternehmensgröße. SAP hat sich bei der Prozeßdarstellung als einheitliche Modellierungsmethode für die ereignisgesteuerte Prozeßkette entschieden, um *„dem Anwender Freiheitsräume für* *seine kreativen und schöpferischen Aufgaben*"[1] zu zeigen. Der wesentliche Nutzen des R/3-Referenzmodells liegt nach Ansicht des Verfassers jedoch eher darin, daß die in den SAP-Anwendungen möglichen Prozeßvarianten und Integrationszusammenhänge zwischen den Anwendungen leichter erkannt werden und dadurch ein tieferes Verständnis für die ablaufenden Prozesse entstehen kann. Darüber hinaus kann es zur Beschreibung der Unternehmensorganisation sowie unternehmensspezifischer Informationssysteme eingesetzt werden. Weiterhin gestaltet sich die Identifikation von Stellen, an denen Übergänge zu anderen Systemen geschaffen werden müssen, einfacher. Das Referenzmodell wird vor allem als Modellierungsgrundlage bei Geschäftsprozeßoptimierungsvorhaben (BPR etc.) und als Hilfsmittel bei SAP-Einführungsprojekten zur individuellen Abgrenzung, Schulung und Dokumentation herangezogen.

Pro und Kontra des Referenzmodells als Modellierungshilfsmittel

Besonders bei BPR-Projekten soll das Referenzmodell helfen, von der intuitiven Reorganisation von Strukturen und Abläufen wegzukommen, hin zu einem ingenieurmäßigen Entwurf der Geschäftsabläufe. Allerdings geht dieser Ansatz von der R/3-Funktionalität und von den einmal als mustergültig betrachteten Prozessen aus. Für dieses Vorgehen spricht, daß jede Disziplin der technischen Wissenschaften und Naturwissenschaften sich auf eine festgelegte Methodologie und die entsprechende Infrastruktur bezieht. Lediglich in für den Menschen noch unverständlichen, chaotischen Strukturen werden strukturierte Methoden durch Denkart ersetzt. Auf der anderen Seite sind starre, dem freien Denken weit entfernte Modelle passiv, die keine Antworten auf die benötigten Fragen liefern[14]. Individuelle, im Einzelfall vielleicht optimalere Lösungen weichen Durchschnittswerten.

Einstieg über eine Prozeßauswahlmatrix

Wie bereits in Tabelle 2.2 aufgezeigt, werden die einzelnen Prozesse in einer Prozeßauswahlmatrix dargestellt, mit Hauptprozessen je Zeile und Szenarioprozessen je Spalte. Der eigentliche Prozeß wird als ePK im Schnittpunkt eines Haupt- und Szenarioprozesses beschrieben. Jeder Hauptprozeß stellt einen betriebswirtschaftlichen Sammelbegriff aller in dieser Zeile aufgeführten Prozesse dar. Die einzelnen Prozesse können verschiedene Varianten des Hauptprozesses beinhalten, die abhängig vom jeweiligen Szenario Unterschiede im zeitlichen Ablauf und somit unterschiedliche Prozeßketten aufweisen.

---

1 SAP AG: „Discover SAP"; Walldorf; 1995

In einer Szenariospalte stehen alle Prozesse, die zu einem gewissen Leistungsspektrum zusammengefaßt werden können. Ein Szenarioprozeß stellt somit einen verdichteten Prozeß dar, der einen Überblick über die gesamte Bandbreite des Fachgebiets bietet. Das Gliederungskriterium für die einzelnen Szenarien hängt von der jeweiligen betriebswirtschaftlichen Aufgabenstellung ab. So wird etwa im Vertrieb nach Auftragsarten aufgeteilt, während in der Materialwirtschaft Bestell- und Bestandsarten Szenarien bilden.

Die ereignisgesteuerte Prozeßkette ist für den Fachanwender in sechs Sichten zerlegt, um unterschiedlichen Fragestellungen im Unternehmen Rechnung zu tragen.

- Die **Prozeßsicht** stellt die betrieblichen Abläufe mit Hilfe von ereignisgesteuerten Prozeßketten dar.
- In der **Informationsflußsicht** ist erkennbar, welche Informations-, Material-, und Ressourcenobjekte von welcher Funktion bearbeitet werden. Wann und warum diese Objekte bearbeitet werden, ist nicht beschrieben.
- In der **Funktionssicht** werden die Tätigkeiten des Unternehmens soweit aufgelöst, wie noch ein betriebswirtschaftlicher Vorgang beschrieben wird. Anschließend werden die gefundenen Aufgaben in einer hierarchischen Ordnung den Kategorien Applikation, Funktionsbereich, Hauptfunktion und Funktion zugeordnet. Zum einen wird hier gezeigt, welche Funktionen über- und untergeordnet sind, zum anderen, welche Funktionen zu einer bestimmten Funktionsgruppe gehören.
- In der **Datensicht** werden die Informations-, Material- und Ressourcenobjekte selbst und ihre Beziehungen untereinander dargestellt. Das in Form von Datenbanktabellen real existierende Datenmodell zeigt insbesondere, woher eine Funktion Objekte erhält, welche vorhandenen Objekte verändert werden und welche neuen Objekte aus welchen Objekten gebildet werden.
- In der **Organisationssicht** wird das Organisationsmodell des R/3-Systems offengelegt, um mit der Aufbauorganisationsstruktur des Unternehmens abgeglichen werden zu können. Die Organisationseinheiten und ihre Beziehungen untereinander und die den Organisationseinheiten zugeordneten Funktionen werden angezeigt.

- In der **Kommunikationssicht** werden zwei Aspekte aufgezeigt. Die Verbindungen zwischen den organisatorischen Einheiten des Unternehmens, die für in sich geschlossene Geschäftsprozesse verantwortlich sind und die Kommunikationskanäle, die zwischen den Einheiten aufgrund bereichs- und abteilungsübergreifender Geschäftsprozesse bestehen.

Zur Visualisierung des Referenzmodells dient innerhalb des Business Navigators der grafische Editor, der auch bei der Workflow-Definition eingesetzt wird. Damit können die verschiedenen Sichten des Referenzmodells eingesehen und direkt aus den grafischen Modellen auf die entsprechende Transaktionen, das Data Dictionary oder die Online-Dokumentation zugegriffen werden. Der Einstieg erfolgt entweder direkt über die Prozeßsicht, von der aus die übrigen Sichten erreichbar sind oder, wie in folgender Abbildung angedeutet, über die textuelle Komponentensicht, aus der die anderen grafischen Modelle aufgerufen werden können.

Abbildung 3.22: Sichten des Business Navigators Quelle: [44]

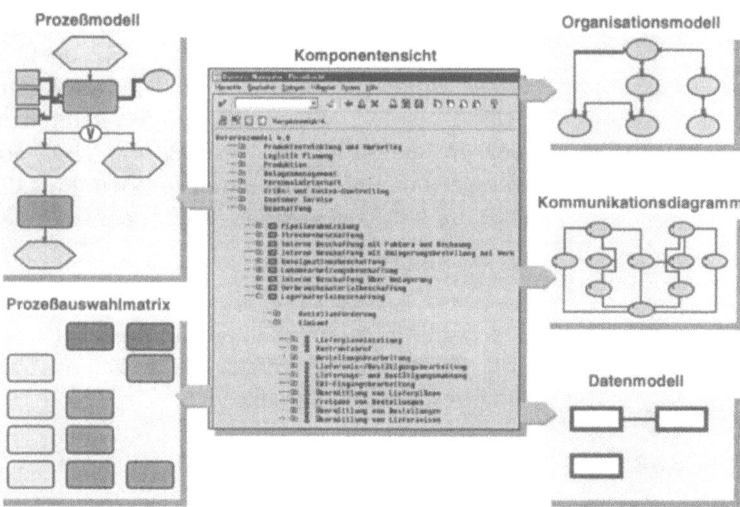

In Entwicklung ist der **Business Modeller**, der weitere Sichten integrieren und vor allem die selbständige Modellierung ermöglichen soll. Diese Entwicklungsstrategie von SAP geht davon aus, daß in Zukunft die freie Geschäftsprozeßmodellierung ermöglicht werden soll und die neuen Modelle direkte Auswirkungen etwa für das R/3-Customizing haben. Dazu ist die Integration des Modellierungswerkzeugs in das R/3-System erforderlich.

Auf der anderen Seite wird aber auch die Strategie verfolgt, bereits bestehende, vorwiegend PC-basierte third-party Grafik- bzw. Modellierungstools an eine zentrale R/3-Repository bidirektional anzubinden. Die PC-Anwendungen haben den Vorteil, daß sie bereits verfügbar und weit verbreitet sind und daß mit ihnen die Modellierung als grafisch-visuelle Freihandzeichnung möglich ist.

Das ***„ARIS-Toolset"*** der IDS Prof. Scheer GmbH kann auf die Datenbasis des R/3-Referenzmodells zugreifen. Es besteht aus einer Navigationskomponente, die die verschiedenen Sichten anzeigen und ausdrucken kann. Mit der Modellierungskomponente kann das Referenzmodell unternehmensspezifisch angepaßt und durch neue Funktionen und Modelle ergänzt werden. Die Analysekomponente wertet Projektergebnisse aus und vergleicht geänderte Modelle mit denen aus dem Referenzmodell.

Ähnliche Funktionalität wie das ARIS-Toolset bietet der **„Visio Business Modeller für SAP R/3"** (VBM) der VISIO GmbH. Mit den von Visio bekannten Werkzeugen kann das Referenzmodell angezeigt, analysiert und in gewissem Umfang auch modelliert werden. VBM stellt das R/3-Referenzmodell in den Rahmen der grafischen Bearbeitung von Visio. Somit handelt es sich weniger um ein Modellierungstool wie im Fall von ARIS, sondern eher um ein Präsentations- und ergänzendes Analysewerkzeug.

INTELLICORP

Aus der Produktfamilie **„Model-Works™"** von IntelliCorp ermöglichen die beiden Komponenten *LiveModel* und *PowerModel* ebenfalls die Anzeige, Analyse und Modellierung des Referenzmodells.

3.3.2 Workflow-Wizards

Beim Workflow-Einsatz ist insbesondere eine schnelle und effiziente Implementierung wichtig. In der Regel werden allgemeine, wiederkehrende Problemstellungen innerhalb von Teilprozessen auftreten, für deren Implementierung sich die Unterstützung durch Softwarewerkzeuge anbietet. Workflow-Wizards sind mit Assistenten oder Wizards in aktueller PC-Software zu vergleichen. Dabei sind zur Durchführung einer komplexeren Aktion vom Benutzer lediglich einige Eckdaten anzugeben.

Die von SAP entwickelten und ausgelieferten Workflow-Wizards erstellen im Dialog mit dem Benutzer Modellierungsvorschläge für bestimmte, vorgedachte Aufgabenstellungen. Als Ergebnis wird eine ablauffähige Workflow-Definition generiert, die als Fragment in eigene Workflow-Definitionen eingebettet werden kann. Sie kann in der üblichen Weise mit dem Workflow-Editor bearbeitet und erweitert werden. Prinzipiell werden die Workflow-Wizards somit nicht zur vollautomatischen Generierung von Prozessen verwendet, sondern sie unterstützen bei der Erstellung von Teilabschnitten einer Workflow-Definition und beschleunigen damit die Implementierung maßgeblich. Ein Wizard fügt einer Workflow-Definition etwa ein oder zwei Schritte für abgegrenzte Aufgabenstellungen wie *„Mail versenden"* oder *„Report ausführen"* hinzu. In der Regel wird eine Nachbearbeitung der vom Wizard erstellten Abschnitte erforderlich sein.

Workflow Wizards sind bewußt einfach und schlank gehalten, um die Wiederverwendbarkeit zu erhöhen und um die Komplexität zu reduzieren. Die ausgelieferten Wizards selbst können nicht eigenständig erweitert werden, allerdings werden mit jedem Release neue Wizards ausgeliefert.

Workflow-Wizard Repository

Das Workflow-Wizard Repository enthält eine vollständige Liste aller von SAP ausgelieferten Workflow-Wizards. Das Repository ist sowohl über eine eigenständige Transaktion als auch direkt aus dem Workflow-Editor aufrufbar. Eine ausführliche Beschreibung von Sinn und Zweck jedes Wizards ist direkt abrufbar. Die Dokumentation enthält außerdem allgemeine Hinweise zur Bedienung der Generierungskomponente. Die Erläuterungen sind in folgende Kategorien eingeteilt:

Problem: Für welche Anwendung eignet sich der Wizard und welche Probleme löst er? Welche Voraussetzungen müssen erfüllt sein, um den Wizard zu verwenden?

Lösung: Wo kann der Wizard eingesetzt werden? Wie ist erkennbar, ob der Wizard verwendet werden sollte?

Konsequenzen: Welche *„Kosten"* in Bezug auf Speicherplatz und Laufzeitverhalten kommen auf den Verwender des Wizards zu? Welche Auswirkungen hat die Anwendung des Wizards auf die Flexibilität, Erweiterbarkeit und Portierbarkeit eines Systems?

Bekannte Einsatzgebiete: In welchen Systemen wird der Wizard bereits eingesetzt?

Die folgende Tabelle enthält eine Übersicht über die derzeit verfügbaren Workflow-Wizards:

Tabelle 3.2: Workflow-Wizards

Name	Zweck
1. Genehmigungsverfahren	
Hierarchisches Genehmigungsverfahren	Mehrere festgelegte Bearbeiter urteilen nacheinander über die Genehmigung bzw. die Ablehnung des Genehmigungsobjektes.
Dynamisches hierarchisches Genehmigungsverfahren	Mehrere Bearbeiter urteilen nacheinander über die Genehmigung bzw. die Ablehnung des Genehmigungsobjektes, wobei erst zur Laufzeit die Stufigkeit und die Bearbeiter festgelegt werden. Damit kann ein gewisser Ad-hoc-Charakter erreicht werden.
Erweitertes hierarchisches Genehmigungsverfahren	Das erweiterte hierarchische Genehmigungsverfahren erlaubt auf jeder Genehmigungsstufe nicht nur die Ablehnung oder die Genehmigung, sondern darüber hinaus auch den Vorschlag der Ablehnung bzw. den Vorschlag der Genehmigung.
Freigabe-Subworkflow für FI (FIPP, BSEG)	Dieser Wizard ist speziell für Prozesse im Bereich des Finanzwesens vorgesehen, bei denen die eigentlichen Genehmigungsverfahren als Sub-Workflows realisiert sind, die erst zur Laufzeit dynamisch bestimmt werden. Der Workflow Wizard hilft, diese Sub-Workflows bereitzustellen.
Paralleles Genehmigungsverfahren	Im Gegensatz zu den hierarchischen Genehmigungsverfahren urteilen in einem parallelen Genehmigungsverfahren die Mitarbeiter gleichzeitig über die Genehmigung bzw. die Ablehnung des Genehmigungsobjektes. Oft ist für eine Genehmigung nicht die Zustimmung von allen Mitarbeitern erforderlich; vielmehr reicht es aus, wenn eine bestimmte, in der Definition festgelegte Zahl von Mitarbeitern zugestimmt hat (Zustimmung von n aus m Bearbeitern).

Tabelle 3.2:
(Fortsetzung)

Name	Zweck
2. Rundschreiben (Umlaufzettel)	
Rundschreiben (Umlaufzettel)	Ein bestimmtes Objekt (Winword-Dokument, beliebiger betriebswirtschaftlicher Beleg etc.) wird sequentiell mehreren, fest definierten organisatorischen Einheiten zugestellt, die sich das Objekt betrachten und evtl. Kommentare dazu abgeben.
Dynamisches Rundschreiben	Ein bestimmtes Objekt wird an eine zur Definitionszeit noch unbestimmte Anzahl von Bearbeitern nacheinander weitergereicht. Jeder Bearbeiter darf das Objekt nur eine bestimmte Zeit bei sich liegen haben. Bei Zeitüberschreitung wird die Terminüberwachung aktiv und benachrichtigt den Workflow-Initiator.
Paralleles Rundschreiben	Ein bestimmtes Objekt wird gleichzeitig mehreren, fest definierten organisatorischen Einheiten zugestellt.
Dynamisches paralleles Rundschreiben	Ein bestimmtes Objekt wird an eine zur Definitionszeit noch unbestimmte Anzahl von Bearbeitern gleichzeitig durchgereicht.
3. Vereinfachte Workflow-Modellierung	
Erzeugung von Customizing-Workflows	Customizing-Aktivitäten erfordern in der Regel die Pflege einer Reihe von Views oder Viewclustern in einer bestimmten Reihenfolge. Um nicht für jeden View oder Viewcluster erneut die Viewpflege aufrufen zu müssen, werde alle Views bzw. Viewcluster, die gemeinsam in einem Kontext zu pflegen sind, innerhalb einer Workflow-Definition bearbeitet.
Vereinfachte Workflow-Definition	Durch Angabe von Objekttyp, Aufgabe und Bearbeiterzuordnung wird eine Workflow-Definition erzeugt, die ein einziges Objekt in mehreren, sequentiellen oder parallelen Schritten bearbeitet.

Tabelle 3.2: (Fortsetzung)

Name	Zweck
Testablauf (CATT) aufrufen	Ein Testablauf (CATT= Computer Aided Test Tool) wird in einer Einzelschrittaufgabe gekapselt und diese dann als Aktivität in eine Workflow-Definition eingebunden. Weitere Details zu diesem Wizard sind im Kapitel 3.3.4 nachzulesen.
Report ausführen	Es wird eine Einzelschrittaufgabe definiert und erzeugt, mit der ein Report ausgeführt wird.
Objektreferenz erzeugen	Aus angegebenen Schlüsselfeldern wird eine Objektreferenz erzeugt.
Formular ausführen	Es wird eine Einzelschrittaufgabe definiert und erzeugt, die ein Formular ausführt.
Mail versenden	Es wird eine Einzelschrittaufgabe definiert und erzeugt, die eine Mail an bekannte Adressaten versendet.
Terminüberwachung modellieren	Es wird eine Aktivität mit Terminüberwachung modelliert, bei der die Terminüberschreitung den ursprünglichen Schritt beendet und Folgeschritte definiert werden können.
4. Sonstige Workflow Wizards	
Nachrichten-Workflow-Kopplungen	Aus einem Nachrichtenlangtext wird eine Aufgabe gestartet. Dabei werden Informationen aus dem Kontext der Nachricht (Arbeitsgebiet und Nachrichtennummer, Nachrichtenvariablen) mitgegeben.

3.3.3 Workflow-Muster

Mit SAP Business Workflow werden nahezu 200 Workflow-Muster ausgeliefert, mit denen ganze Geschäftsvorgänge schnell und ohne Programmieraufwand eingeführt werden können. Hierbei handelt es sich um ablauffähige Workflows, bei denen lediglich noch die Zuordnung zur Aufbauorganisation fehlt. Nach erfolgter Bearbeiterzuordnung genügt es, die Ereigniskopplung zu aktivieren, um eine Prozeßänderung sofort wirksam werden zu lassen. Der aktualisierte Prozeß ist mit all seinen verschiedenen Abläufen sofort funktionstüchtig. Eine Reihe von R/3-Anwendungen unterstützt bereits standardmäßig die Vorgangssteuerung durch SAP Business Workflow. Natürlich handelt es sich bei den Workflow-Mustern um von SAP entwickelte *Standardprozesse*, die nicht in jedem Fall auf die unternehmensspezifischen Anforderungen passen. Allerdings kann jedes Workflow-Muster in eine Workflow-Aufgabe übernommen und dort beliebig erweitert werden, so daß das Workflow-Muster als sehr hilfreiche Vorlage für eigene Workflow-Aufgaben dienen kann. Workflow-Muster können somit auch als Beispiele für die Implementierung betriebswirtschaftlicher Vorgänge betrachtet werden. Infolgedessen muß grundsätzlich zwischen einem Workflow-Muster (Typ: WS) und einer Workflow-Aufgabe (Typ WF) unterschieden werden. Die folgende Tabelle stellt einige Unterscheidungsmerkmale dieser beiden Aufgabentypen gegenüber:

Tabelle 3.3: Unterschiede Zwischen Workflow-Muster und Workflow-Aufgabe

Workflow-Muster	Workflow-Aufgabe
Mandantenunabhängig	Mandantenabhängig
Planvariantenunabhängig	Planvariantenabhängig
Zeitunabhängig	Mit Gültigkeitszeitraum

Teilweise recht umfangreiche Geschäftsprozesse können i. d. R. nicht mit einem einzelnen Workflow-Muster abgebildet werden, vielmehr ist ein Zusammenspiel mehrerer, über Ereignisse miteinander in Verbindung stehender Workflow-Muster erforderlich. Solche Abläufe werden unter dem Begriff **Workflow-Szenario** zusammengefaßt. Um möglichst schnell auf die von SAP ausgelieferten, vorkonfigurierten Workflow-Szenarios zurückgreifen und diese entweder unverändert oder mit minimalem Anpassungsaufwand für eigene betriebliche Prozesse verwenden zu können, ist im Anschluß eine aktuelle Übersicht aufgeführt. Sie enthält lediglich eine Kurzbeschreibung des jeweiligen Workflow-Szenarios. Eine detaillierte Erläuterung des jeweiligen betriebswirtschaftlichen Umfeldes und der Einsatzmöglichkeiten sowie Hinweise zur technischen Umsetzung der Szenarios ist in der R/3-Bibliothek (Online-Hilfe CD) unter dem Stichwort *Workflow-Szenarios in den Anwendungen* nachzulesen.

Übersicht:
Im SAP-Standard ausgelieferte Workflow-Szenarios

Anwendungsübergreifende Komponenten
- Bearbeitung eines Dokumenteninfosatzes
- Nachrichtensteuerung
- Fehlerbehandlung beim IDOC-Eingang
- EDI-Statussatzverarbeitung
- Erteilen von Genehmigungen

Finanzwesen
- Belegvorerfassung
- Zahlungsfreigabe
- Finanzkalender
- Massenänderungen am Anlagenstamm
- Massenabgang von Anlagen
- Bearbeiten unvollständig angelegter Anlagen
- Validierungsvorgänge bearbeiten (FI-SL)

Treasury
- Datafeed (TR-TM)

Logistik Allgemein
- Änderung mit Bezug zu einem Änderungsauftrag
- Währungsumstellung im Handel
- LIS: Workflow aus Exception im Frühwarnsystem anstoßen
- Freigabe von gesperrten Lieferantendaten

Vertrieb
- Abwicklung von Gutschriftsanforderungen
- Ändern Gruppenkontrakt

Materialwirtschaft
- Freigabe von Bestellanforderungen
- Freigabe von Einkaufsbelegen
- Abrechnung von Bonusabsprachen im Einkauf

Qualitätsmanagement
- Offene Qualitätsmeldungen bearbeiten
- In Arbeit befindliche Qualitätsmeldungen bearbeiten
- Maßnahme erledigen
- Maßnahme erledigen - Verantwortlicher geändert
- Qualitätsmeldung abschließen
- Kritischen Fehler bearbeiten
- Prüfplan zuordnen
- Prüflos für Prüfung freigeben
- Zeugniseingang bestätigen
- Fehlende Bestandsbuchungen für Prüflos vornehmen
- Prüfabschluß für Langzeitprüfung vornehmen
- Verwendungsentscheid treffen
- Ergebniserfassung für Langzeitprüfung durchführen

Instandhaltung

- Offene Instandhaltungsmeldung bearbeiten
- In Arbeit befindliche Instandhaltungsmeldung bearbeiten
- Maßnahme erledigen
- Instandhaltungsmeldung abschließen
- Bestelländerung bei Fremdbeschaffung
- Benachrichtigung des Auftragserfassers
- Benachrichtigung zuständiger Mitarbeiter

Service Management

- Bearbeiten offener Servicemeldungen
- Bearbeiten in Arbeit befindlicher Servicemeldungen
- Erledigung von Maßnahmen
- Abschließen von Servicemeldungen

Personalwesen

- Generierung von Dokumenten für HR-Anwendungen

Personalbeschaffung

- Erst- und Wiedervorlage
- Planung und Durchführung von Vorstellungsgesprächen
- Erstellung eines Vetragsangebots
- Vorbereitung einer Einstellung
- Überwachung zurückgestellter Bewerber

Personaladministration

- Folgeaktivitäten einer Neueinstellung
- Genehmigung einer individuellen Basisbezugserhöhung
- Abwesenheitsgenehmigung bearbeiten

Reisemanagement

- Reiseantrag genehmigen
- Reise genehmigen

3.3.4 CATT-Abläufe

Die Mehrzahl von eigendefinierten Workflows wird Aktivitäten enthalten, bei denen ein Benutzer ein Anwendungsobjekt innerhalb einer SAP-Transaktion zu bearbeiten hat. Technisch gesehen sind in diesen Fällen Objektmethoden zu implementieren, die eine Transaktion aufrufen und bestimmte Daten (z. B. Selektionsdaten auf dem Einstiegsbild einer Transaktion) übergeben. Die übliche Vorgehensweise zur Erstellung einer solchen Methode wäre die Programmierung der gewünschten Funktionalität in ABAP/4. Mit dem Computer Aided Test Tool (CATT) steht unabhängig davon ein Werkzeug für diese Aufgabenstellung zur Verfügung.

Ursprünglich entwickelt um Testabläufe zu erstellen, zu starten, zu verwalten und zu protokollieren, stellt das CATT für die Erstellung von Online-Methoden ein wesentliches Hilfsmittel dar.

Aufzeichnung von Abläufen

Mit einer Aufzeichnungsfunktionalität (ähnlich einer Makroaufzeichnung in MS-Produkten) kann eine Transaktion manuell durchgeführt und dabei aufgezeichnet werden. Als Ergebnis wird ein CATT-Ablauf abgespeichert, der die entsprechenden Daten in Form von ABAP/4-Anweisungen enthält. In einem Expertenmodus können auch komplexe Testszenarien erstellt und bearbeitet werden.

CATT-Abläufe können aus einem Workflow heraus aufgerufen und ausgeführt werden. Ein Wizard unterstützt beim Einbau eines CATT-Ablaufs in eine Einzelschrittaufgabe. Damit sind zur Erstellung von Online-Methoden keine Programmierkenntnisse erforderlich. Weiterhin müssen die betroffenen Objekttypen um keine eigendefinierten Methoden erweitert werden, sondern es wird lediglich ein bestimmter CATT-Ablauf ausgeführt. Auch eigenentwickelte Transaktionen können problemlos für den Workflow verfügbar gemacht werden. Nicht nur Felder mit SET/GET-Parametern, sondern sämtliche Felder der Oberfläche können beim Aufruf einer Transaktion mit Werten vorbelegt werden. Hat sich bei Release-Änderungen beispielsweise auch die Oberfläche geändert, genügt die Aufzeichnung eines neuen CATT-Ablaufs; am Workflow selbst sind dann keine Änderungen durchzuführen. Damit leistet das CATT einen wesentlichen Beitrag zur Beschleunigung der Workflow-Implementierung.

Sehr gut geeignet für CATT-Prozesse sind:

- Aufrufen von Transaktionen;
- Prüfen von Systemmeldungen;
- Einstellen von Customizing-Tabellen;
- Prüfen von Reaktionen auf Änderungen der Customizing-Einstellungen.

Weniger geeignet ist CATT für folgende Objekte:

- Menüführung;
- Online-Hilfen (F1 , F4);
- Editorfunktionen.

CATT kann nicht für Transaktionen eingesetzt werden, die den Befehl LEAVE TO TRANSACTION enthalten oder Transaktionen, die eine Batch-Input-Mappe erzeugen.

3.3.5 Objektrepository

Das R/3-Repository enthält eine umfassende Beschreibung der R/3-Anwendungen. Über eine Programmierschnittstelle kann es Informationen in Grafiksoftware, Modellierungswerkzeuge oder BPR-Werkzeuge exportieren. Es stellt die zentrale Ablagemöglichkeit für sämtliche Anwendungsinformationen des Systems dar. Dies umfaßt die Neuentwicklung, den Entwurf und die Wartung von Anwendungen und Komponenten. Im Repository sind Prozeßmodelle, Funktionsmodelle, Datenmodelle, Geschäftsobjekte, Objektmodelle sowie die zugehörigen Daten und ihre Verbindungen abgelegt.

Abbildung 3.23: Business Object Repository

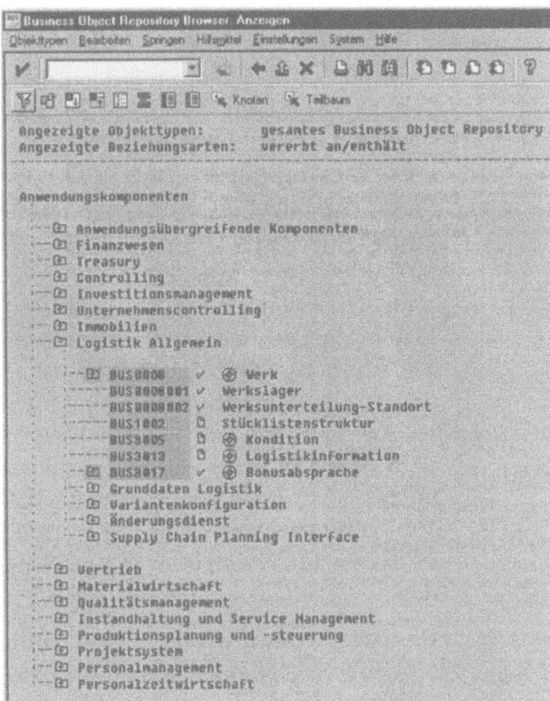

Das Business Object Repository - kurz Objektrepository - ist ein Bestandteil des R/3-Repositories, das ausgewählte betriebswirtschaftliche Daten, Transaktionen und Ereignisse als integrierte Menge von Geschäftsobjekten darstellt. Jedem Geschäftsobjekt ist ein Datenmodell zugeordnet, das die interne Tabellenstruktur wiedergibt und im Unternehmensmodell eingebettet ist. Als besonders vorteilhaft bei der Identifikation von Objekten erweist sich der Verwendungsnachweis, mit dem ermittelt werden kann, in wievielen und in welchen Prozessen der betreffende Objekttyp verwendet wird.

Der Umgang mit dem Objektrepository erfolgt teils textuell, teils mittels eines grafischen Browsers. Da der Schwerpunkt auf der betriebswirtschaftlich orientierten Sichtweise der Objekte beruht, erfolgt der Einstieg in das Repository über betriebswirtschaftliche Bereiche zu den diesen Bereichen zugeordneten Objekttypen. Ist ein Objekttyp mehreren Geschäftsbereichen zugeordnet - was eher die Regel als die Ausnahme ist - ist der tatsächliche Objekttyp nur einmal registriert, und bei den restlichen Bereichen befindet sich ein Verweis auf den Original-Objekttyp. Im Anhang B ist das Objektrepository mit einem Objekttyp und dessen Elementen dargestellt.

Sowohl die Registrierung der Objekte, die für das Workflow-System verwendet werden, als auch die Zugriffskontrolle auf Objekte zur Laufzeit erfolgt über die Definition von Objekttypen im Objektrepository. Mit Hilfe der Vererbung werden für Workflows eigene Objekttypen definiert. Dazu wird ein von SAP ausgelieferter Supertyp herangezogen und sämtliche Attribute, Methoden und Ereignisse in den eigenen Objekttyp vererbt. Anschließend werden eigene Anpassungen, wie weitere Ereignisse, Methoden, Attribute usw., vorgenommen.

Vererbung

Weiterhin kann ein Objekttyp über die Komposition (ist enthalten in) eine Beziehung zu einem anderen Objekttyp herstellen. Hierbei hat der „*Teil*"-Objekttyp im allgemeinen einen gegenüber dem Aggregattyp erweiterten Schlüssel (z. B.: Schlüssel des Auftrags + Position) und einen völlig anderen funktionalen Umfang. Mit Hilfe der Assoziation (Referenzierung) können ganze Objekttypen als Attribut in andere Objekttypen eingebunden werden.

Aggregation, Komposition, Assoziation

Da jedes Workflow auf Geschäftsobjekten basiert, indem es ausschließlich Methoden von Geschäftsobjekten aufruft, wird das Objektrepository zum Dreh- und Angelpunkt zwischen Workflow und Anwendung. Die Beschäftigung mit dem Objektrepository ist somit bei einer Workflow-Definition essentielle Grundvoraussetzung. Es wurde bereits erwähnt, daß gerade bei der Anpassung von Objekten teilweise tiefgreifende SAP-Basiskenntnisse vorausgesetzt werden. Dies reicht vom Verständnis der Anwendungen über Funktionsbausteine bis hin zur ABAP/4-Programmierung.

Neben der Workflow-Anbindung mit seinen Möglichkeiten der externen Kommunikation stellt das Objektrepository auch für externe Anwendungen Schnittstellen zu den Geschäftsobjekten bereit. Außerdem kann von außen über RFCs auf das Objektrepository zugegriffen werden.

Abbildung 3.24: Die Rolle des Objektrepository Quelle: [44]

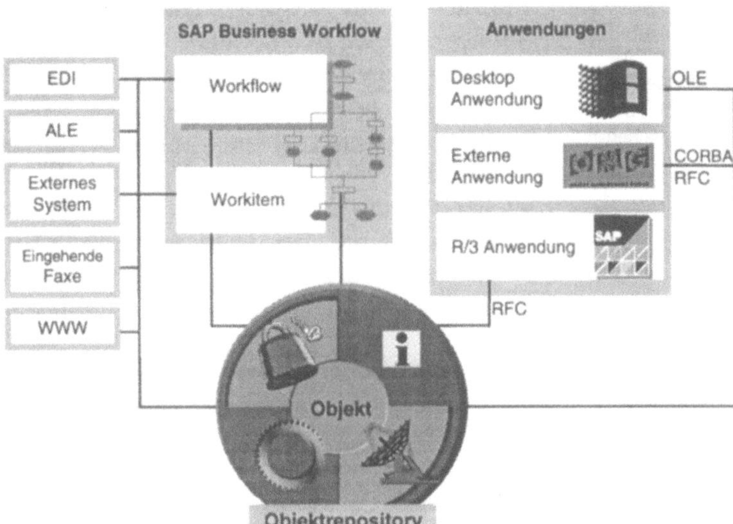

3.4 Kriterien bei der Prozeßauswahl

Ein schneller Wandel der Geschäftsprozesse bedeutet für Unternehmen seit jeher eine große Herausforderung. Die Informationstechnologie ist dabei der kritische Weg, unternehmensübergreifende Prozesse die wesentliche Hürde auf diesem Weg. SAP Business Workflow stellt eine Schlüsseltechnologie dar, um unternehmensübergreifende Prozesse schnell und flexibel auf Veränderungen in ein Unternehmen zu integrieren. In der heutigen kundenzentrierten Geschäftswelt kann eine zeitnahe, ereignisgesteuerte Integration den entscheidenden Wettbewerbsvorteil bringen. Eine zeitliche Verzögerung von einigen Stunden durch eine Kopplung mit Hilfe von Batch-Programmen stellt einen erheblichen Nachteil dar. Auch muß ein Schritt weg von festen Prozessen hin zu flexiblen und wiederverwendbaren Prozessen vollzogen werden. Mit der Definition einer Workflow-Aufgabe implementiert ein Unternehmen seinen spezifischen Geschäftsprozeß und leistet damit die technische Umsetzung einer betrieblichen Reorganisation.

Auch wenn das Workflow-System die grundlegende Infrastruktur zur Geschäftsprozeßoptimierung bereitstellt, darf es doch nicht als das Allheilmittel angesehen werden, mit dem nun alle organisatorischen Probleme einfach beseitigt werden können. Deshalb soll untersucht werden, für welche Art Geschäftsprozesse der Einsatz von SAP Business Workflow überhaupt sinnvoll erscheint. Die im folgenden genannten Kriterien bzw. Merkmale können als eine Art Checkliste angewandt werden:

Kriterien, die für einen Workflow-Einsatz sprechen

- Ein Prozeß hat zu hohe Durchlaufzeiten, Liegezeiten, Bearbeitungszeiten, Übertragungszeiten, Kosten etc. Diese betriebswirtschaftlich interessanten Kennzahlen sollen reduziert werden.
- Ein Prozeß enthält häufig und regelmäßig wiederkehrende Aufgaben, die eher strukturierter Natur sind[1].
- An einem organisationsweiten Prozeß sind unterschiedliche Stellen mit einer relativ hohen Zahl von Mitarbeitern beteiligt.[2]
- Die Mitarbeiter, die an einem Geschäftsprozeß arbeiten, sind räumlich voneinander getrennt.
- Ein Prozeß erfordert die zeitlich versetzte Kommunikation zwischen Mitarbeitern.
- In einem Prozeß tritt ein Ereignis ein, auf das reagiert werden soll (rote Lampe).
- Bei einem Prozeß ist hoher manueller Abstimmbedarf erforderlich. Die Koordination erfolgt dabei auf dauerhaft festgelegten Kommunikationsbeziehungen und Entscheidungskompetenzen.
- Ein Prozeß wird durch Batch-Abläufe gesteuert.
- Ein Prozeß erfordert eine Mehrfacherfassung (z. B. in unterschiedlichen Systemen).
- Ein Prozeß ist zu starr.

---

1 SAP Business Workflow hat eine prozeßorientierte Architektur, d. h. Abläufe, die nicht detailliert definierbar sind, sind nur sehr schwer abbildbar. Es stellt sich allerdings die Frage, ob immer ein hundertprozentiger Abdeckungsgrad aller potentiell eintretbaren Fälle erreicht werden muß oder ob nicht etwa eine 80%-Lösung ausreichen würde. In diesem Fall wären lediglich die verbleibenden 20% der Fälle in anderer Weise, also ohne Workflow-Unterstützung zu bearbeiten.

2 Je mehr organisatorische Einheiten an einem Geschäftsprozeß beteiligt sind, um so mächtiger entwickelt sich die Komplexität, was wiederum einen größeren Nutzeffekt mit sich führt.

- Ein Prozeß ist nur unzureichend integriert, d. h. es treten häufige Medienbrüche (mehrere DV-Systeme, manuelle Bearbeitung etc.) auf, deren vollständige Vermeidung angestrebt wird (Forderung nach *„Seamlessness"*).

Kriterien, die gegen den Workflow-Einsatz sprechen

- Der Prozeßablauf verläuft sehr variabel und kann nicht global definiert werden (heute so, morgen anders).
- Ein Prozeß enthält undefinierbar viele Ausnahmen.

Prozeßtypen

Grundsätzlich kann festgehalten werden, daß insbesondere strukturierte, häufig wiederkehrende Geschäftsprozesse für SAP Business Workflow geeignet sind. Zur genaueren Unterscheidung dienen drei idealtypische Prozeßtypen. Zum einen ist der *Routineprozeß* durch eine klare, langfristige Struktur gekennzeichnet. Der Ablauf ist bei einer hohen Arbeitsteilung standardisiert, und es existieren kaum Schnittstellen zu anderen Prozessen. Der Routineprozeß ist somit weitgehend stabil und planbar. Beim *Regelprozeß* sind die Abläufe hingegen nicht mehr determinierbar, aber noch bestimmbar. Hier liegt zwar eine verhältnismäßig kontrollierbare Struktur und Komplexität vor, jedoch wird diese durch individuelle Eingriffe häufig verändert. Weder planbar noch automatisierbar sind *einmalige Prozesse*, da weder der Prozeßablauf noch die Kommunikationspartner bestimmt werden können. Solche Prozeßabläufe werden i. d. R. durch einzelne Mitarbeiter oder Teams individuell bearbeitet.

Teilaufgaben im Prozeß

Geschäftsprozesse werden aber nicht nur als Ganzes betrachtet, sondern müssen auch hinsichtlich ihrer Zusammensetzung aus Teilaufgaben überprüft werden. So sind *Routineaufgaben* beispielsweise durch eine niedrige Komplexität, wenig Kommunikation, festgelegte Kooperationspartner sowie durch eine hohe Planbarkeit gekennzeichnet. *Einzelfallaufgaben* zeichnen sich dagegen durch eine hohe Komplexität, eine sehr hohe Kommunikationsintensität mit ständig wechselnden Kooperationspartnern als auch durch eine niedrige Planbarkeit aus. Zwischen diesen beiden Typen von Teilaufgaben ordnen sich noch *sachbezogene Aufgaben* ein. Durch eine Aggregation der Aufgaben- und Prozeßtypologien kann über die Eignung bzw. den Einsatzbereich unterschiedlicher Workflow-Systeme bezüglich eines Geschäftsprozesses entschieden werden. Die folgende Matrix stellt diesen Sachverhalt gegenüber:

Tabelle 3.4:
Einsatzgebiete von Workflow-Systemen

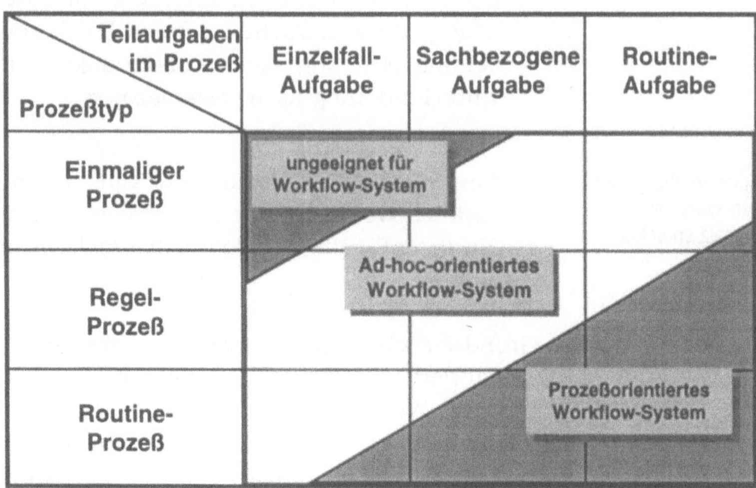

Prozeßorientiertes Workflow-System

Die Kombination von Routineprozeß und Routineaufgabe kann als vollkommen geeignet für die Unterstützung durch SAP Business Workflow gelten, da sowohl die Teilaufgaben als auch der Gesamtprozeß solcher Vorgänge nach exakt definierten Regeln abgearbeitet werden. Eine Programmierung bzw. Modellierung dieser Vorgänge ist ohne größeren Aufwand möglich.

Ad-hoc-orientiertes Workflow-System

Im mittleren Bereich entscheidet der Benutzer weitgehend systemunabhängig über den weiteren Verlauf eines Prozesses. Das System hilft dem Benutzer überwiegend bei der Abarbeitung von Routinen, z. B. dem Dokumenten-Retrieval, Routineabfragen und -prüfungen. Ad-hoc-orientierte Workflow-Systeme erlauben solche Eingriffe des Benutzers in den Ablauf und haben eher assistierende Funktionen. Die Möglichkeit andere Prozesse zu beeinflussen, führt gleichzeitig zu einer Komplexitätssteigerung des Systems, welche prozeßorientierte Systeme nicht mehr bewältigen können. SAP Business Workflow verfügt derzeit noch über recht schwache Ad-hoc-orientierte Leistungsmerkmale.

Einmalige Prozesse dagegen lassen aufgrund ihrer Verflechtung mit anderen Prozessen, in ihrem Veränderlichkeits- und Detailliertheitsgrad eine so enorme Komplexität aufkommen, daß Workflow-Systeme nicht mehr geeignet sind. Da eine Programmierung von Abläufen keinen Sinn macht, können Workflow-Systeme hier lediglich als Informationsressource oder Kommunikationsinstrument dienen.

Kapitel 4

Praktische Umsetzung

Überblick

Dieses Kapitel richtet sich vornehmlich an Entwickler, die ihr Wissensspektrum um den Workflow-Bereich erweitern möchten. Ein Neueinsteiger im Bereich Workflow wird in die Lage versetzt, die Funktionsweise von SAP Business Workflow® nicht nur schnell zu verstehen, sondern auch sofort Geschäftsprozesse in die Praxis umzusetzen.

Anhand eines in nahezu jedem Betrieb relevanten Ablaufs wird beispielhaft und Schritt für Schritt die Umsetzung eines Geschäftsprozesses in ein ablauffähiges Workflow aufgezeigt. Mittels eines Leitfadens wird eine empfehlenswerte Vorgehensweise für die Workflow-Einführung dargestellt. Bei gewissenhaftem Durcharbeiten dieses Kapitels werden dem Leser somit wichtige Anwendungs- und Systemkenntnisse vermittelt, die zum Aufbau eigener Geschäftsprozesse unabdingbar sind. Wird das Beispiel auch noch mit Hilfe des enthaltenen Tutorials auf CD direkt am eigenen R/3-System nachvollzogen, entsteht dabei sozusagen als betrieblich nutzbares „Abfallprodukt" eine ablauffähige Workflow-Anwendung.

4 Praktische Umsetzung

Die vorliegende Workflow-Implementierung wurde bereits in den unterschiedlichsten Unternehmen implementiert, angefangen vom mittelständischen Betrieb mit einem Werk[1] bis hin zu Großkonzernen mit einer tief gestaffelten Vielzahl von organisatorischen Einheiten in mehreren Ländern. Sie eignet sich sehr gut als Objekt zur Darstellung der Implementierungsschritte, da alle wesentlichen Aspekte angesprochen werden können. Als Nebeneffekt verspricht dieses Beispiel ein ablauffähiges Workflow bzw. eine gute Grundlage zum weiteren Ausbau der Workflow-Anwendung, wenn das auf CD beigelegte Tutorial direkt am R/3-System nachvollzogen wird. Es werden die neuesten Erfahrungen und Lösungsstrategien berücksichtigt, die im Rahmen dieser Workflow-Projekte gesammelt wurden. Gezeigt wird die Implementierung im SAP R/3 Release 4.0.

4.1 Verwendung der CD-ROM

Die beigelegte CD-ROM enthält primär ein Tutorial in Form einer PowerPoint-Präsentation, in dem die Implementierung eines Workflows Schritt für Schritt erläutert wird. Zu jedem Punkt ist zusätzlich ein ScreenCam-Ablauf vorhanden, in dem die tatsächlichen Angaben, die im R/3-System zu vollziehen sind, gezeigt und erläutert werden. Die ScreenCams können während des Durcharbeitens des Tutorials aufgerufen werden. Die gesamte Durcharbeitung des Tutorials dauert etwa 3-4 Stunden.

Die ScreenCams können auch direkt aufgerufen werden. In den Kapiteln 4.4 und 4.5 wird jeweils mit dem CD-Symbol auf vorhandene ScreenCams hingewiesen.

Nach dem Einlegen der CD kann durch Anklicken des START Symbols ein Internet-Dokument aufgerufen werden, aus dem das Tutorial aufgerufen werden kann. Außerdem kann von hier aus auf eine Westernacher-Seite gesprungen werden, die Neues und Wissenswertes zum Thema Workflow enthält. Schließlich kann auch per Email[2] Kontakt mit dem Autor aufgenommen werden, der gerne Fragen beantwortet und ggf. weitere Tips gibt.

[1] Als Werk ist hier die organisatorische Einheit im SAP-System zu verstehen.

[2] Email-Adresse des Autors: Ulrich.Strobel-Vogt@Westernacher.de

Technische Voraussetzungen

Als Betriebssystem wird Windows (95/98 oder NT) vorausgesetzt. Das Speichervolumen sollte 16 MB RAM nicht unterschreiten; die minimale Bildschirmauflösung ist 800x600 Pixel. Als Anwendungen werden ein Internet-Browser, MS PowerPoint Viewer und Lotus ScreenCam Player benötigt. Sollten diese Programme nicht installiert sein, können sie mit den auf der CD enthaltenen Installationsversionen (Verzeichnis SETUP) installiert werden. Ggf. sind die Hinweise in der Datei „HINWEISE" zu berücksichtigen.

4.2 Vorgehensmodell zur Workflow-Einführung

Eine allgemein anerkannte *beste* Methode und Vorgehensweise zur Einführung von Workflow-Management-Systemen gibt es bisher noch nicht. Ziel dieses Kapitels ist es, ein Vorgehensmodell zur Einführung von Workflow-Anwendungen im Unternehmen zu entwickeln. Grundsätzlich wird hierbei ein Workflow-Lebenszyklus beschrieben, der von der Analyse bestehender Geschäftsprozesse ausgeht. Dessen auftretende Schwachstellen der bestehenden Organisation bilden den Ausgangspunkt für die Restrukturierung von Geschäftsprozessen. Ausgesuchte modellierte Geschäftsprozesse werden verfeinert, um daraus eine unternehmensspezifische Workflow-Anwendung entwickeln zu können. Ist die eigentliche Workflow-Implementierung und -Einführung abgeschlossen, erfolgt auf Basis von Prozeßdaten ein Reengineering der Geschäftsprozesse, um diese nachhaltig zu kontrollieren und weiter zu optimieren.

Ausgangspunkt ist eine recht grob gestaltete, den SAP-Anforderungen angepaßte Vorgehensweise zur Workflow-Einführung. Daraus abgeleitet wird ein verfeinertes Vorgehensmodell, das sich u. a. auf die Vorschläge von Galler und Scheer stützt, das weiter ausgebaut und SAP-spezifischen Belangen angepaßt wurde. Das Vorgehensmodell wird hier in Form einer ePK dargestellt, um gleich ein Gefühl für diese Modellierungsmethode zu vermitteln. Aus Übersichtlichkeitsgründen wird allerdings auf die Darstellung von Operatoren verzichtet.

Hauptbereiche

Die Vorgehensweise wird grundsätzlich in vier Hauptbereiche unterteilt, die neben der funktionalen Unterscheidung i. d. R. auch eine starke personelle Bindung beinhalten. Im Bereich *Prozeßdesign* sind hauptsächlich Mitarbeiter angesprochen, die Fragestellungen aus dem organisatorischen Umfeld beantworten können. Bei der *technischen Workflow-Implementierung* sind Entwickler angesprochen, dagegen können bei der *prozeßorientierten Implementierung* auch Mitarbeiter aus den Fachabteilungen mit DV-technischem Interesse hinzugezogen werden. Im Bereich *Betrieb* sind schließlich alle Workflow-Benutzer angesprochen, aber insbesondere auch Workflow-Administratoren. Inwieweit sich die einzelnen Bereiche durch dieselben Personen abdecken lassen (was eine Forderung insbesondere mittelständischer Betriebe darstellt), hängt sehr stark davon ab, ob diese Personen über die bereichsspezifischen Kenntnisse und Talente verfügen. Bei sehr individuellen Abläufen, bei denen eigene Methoden zu entwickeln sind, muß davon ausgegangen werden, daß bei der technischen Workflow-Implementierung tiefgreifende ABAP/4-Workbench-Kenntnisse von Nöten sind.

Abbildung 4.1: Vorgehensweise bei der Workflow-Einführung

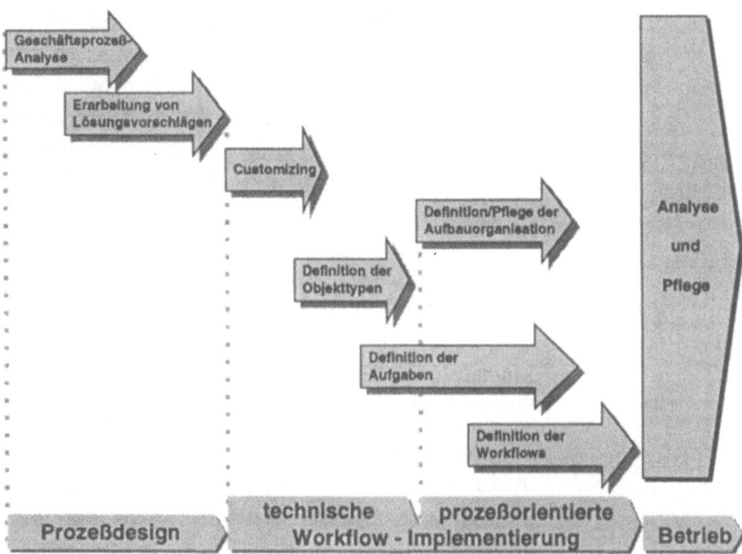

Dagegen sind Prozeßdesign und prozeßorientierte Implementierung stark anwendungsorientiert und können nach kurzer Einarbeitung sicherlich von den Mitarbeitern der entsprechenden Fachabteilungen vollzogen werden. Diese Trennung hätte auch den Vorteil, daß beim Prozeßdesign frei von DV-technischen Vorbehalten modelliert, evtl. das Design sogar mit Hilfe des Workflow-Editors sofort als Workflow ohne Funktionalität entworfen und die Operationalität in einem späteren Schritt durch einen SAP-Spezialisten ergänzt werden könnte (allerdings ohne Simulation). So gesehen könnten sich die Erwartungen, die das SAP-Marketingkonzept im Workflow-Bereich schürt, nämlich eine einfache und schnelle Geschäftsprozeßmodellierung mit dem R/3-System direkt umzusetzen, zumindest teilweise erfüllen.

Wünschenswerte Vorgehensweise

Die vorgeschlagene Vorgehensweise gründet sich hauptsächlich auf den SAP-spezifischen Gegebenheiten, die ein anderes Verfahren nur schwer zulassen. So würde man sich wünschen, einen Geschäftsprozeß grafisch am Bildschirm - evtl. in Form einer ePK - interaktiv zu entwickeln, diesen neu geschaffenen Prozeß durch Simulation auf Machbarkeit und Schwachstellen hin zu analysieren, um schließlich die eigentliche Implementierung vorzunehmen. Leider wird diese Vorstellung mit den derzeit gegebenen SAP-Werkzeugen nicht abgedeckt, und es muß auf externe Systeme (vgl. 3.3.1) ausgewichen werden, die dann wiederum die SAP-Funktionalität nicht abdecken. Vielmehr wäre gerade der umgekehrte Weg wünschenswert. Um ein Workflow im SAP-System zu implementieren sind umfangreiche Vorarbeiten notwendig, in denen die Einzelteile des Ablaufs festzulegen, zu definieren bzw. zu programmieren sind. Erst am Schluß steht die eigentliche grafische Gestaltung des Ablaufs. Positiv ist anzumerken, daß mit jedem SAP-Release neue, brauchbare Muster ausgeliefert werden, die dann nur noch teilweise angepaßt oder sogar unverändert aktiviert werden können.

4.3 Geschäftsprozeßdesign

Bevor mit einem effektiven Geschäftsprozeßdesign begonnen werden kann, ist ein entsprechendes Einführungs-Projektteam zu bilden. Je nach Unternehmensstruktur hat sich die Entsendung von Vertretern aus den Fachabteilungen - versehen mit der jeweiligen vollen Einführungsverantwortung - bewährt. Zwar bedingt diese Philosophie eine verstärkte Ausbildung der Teammitglieder im DV-Bereich, doch wird dieser Aufwand mit einem hohen Know-how-Rückfluß in die Fachabteilungen belohnt und wieder ausgeglichen. Wird das Prozeßdesign von reinen Organisationsabteilungen durchgeführt, ist auch in diesem Fall das Hinzuziehen von betroffenen Vertretern der Fachabteilungen empfehlenswert. Ganz besonders bei der Ersteinführung von Workflow-Anwendungen hat sich diese Einbindung als notwendig erwiesen, um das Vertrauen der beteiligten Mitarbeiter für die neue Technologie zu gewinnen.

Die folgende Abbildung zeigt das Vorgehensmodell für das Prozeßdesign in Form einer ereignisgesteuerten Prozeßkette.

Abbildung 4.2:
Vorgehensweise Prozeßdesign

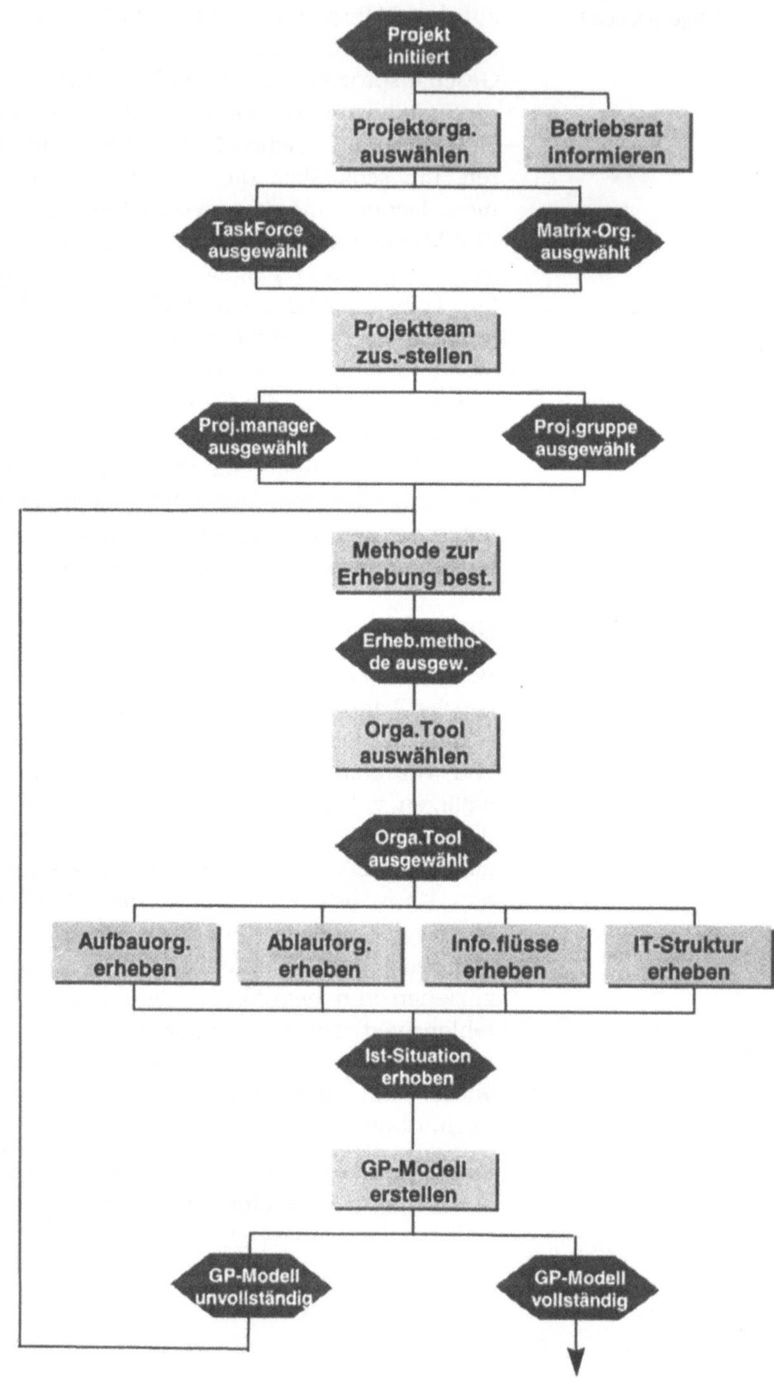

Abbildung 4.2:
(Fortsetzung)

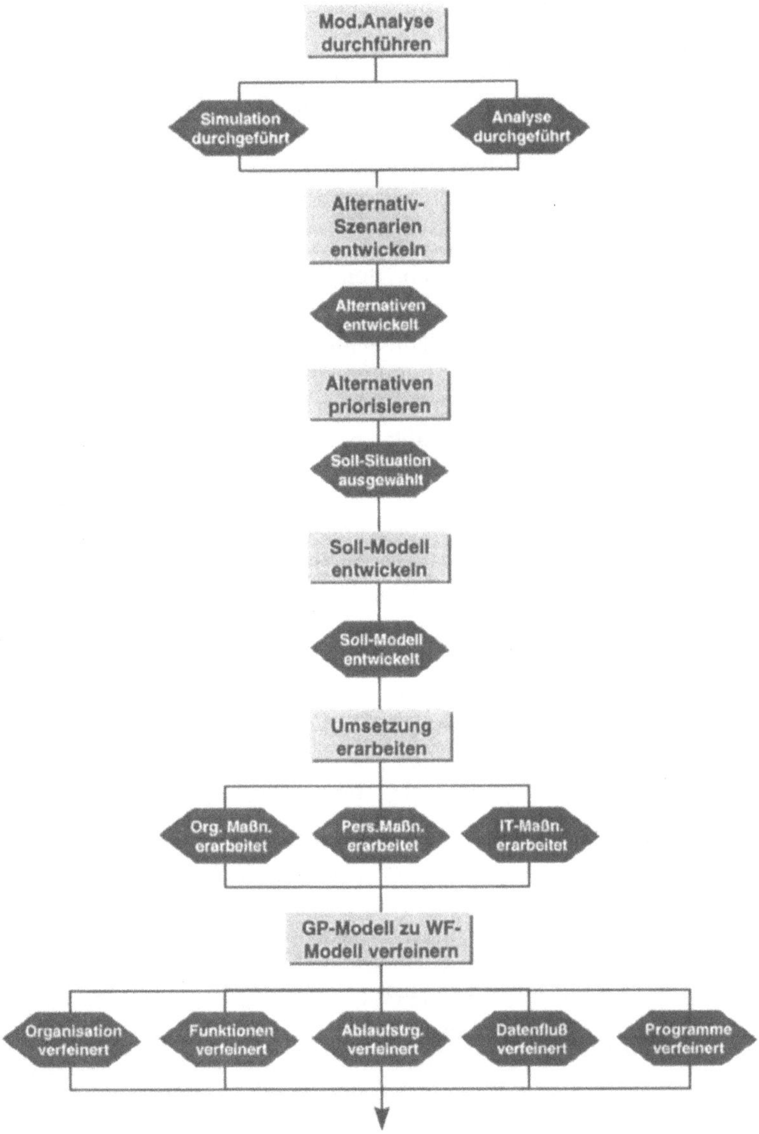

Mod.Analyse durchführen

Simulation durchgeführt

Analyse durchgeführt

Alternativ-Szenarien entwickeln

Alternativen entwickelt

Alternativen priorisieren

Soll-Situation ausgewählt

Soll-Modell entwickeln

Soll-Modell entwickelt

Umsetzung erarbeiten

Org. Maßn. erarbeitet

Pers.Maßn. erarbeitet

IT-Maßn. erarbeitet

GP-Modell zu WF-Modell verfeinern

Organisation verfeinert

Funktionen verfeinert

Ablaufstrg. verfeinert

Datenfluß verfeinert

Programme verfeinert

Systematische Materialstammpflege

Zu Beginn steht die Festlegung der umzusetzenden Geschäftsprozesse. Als zu betrachtender Ablauf wird im folgenden das Beispiel der *„Systematischen Materialstammpflege"* verwendet. Die Hauptforderung bei diesem Prozeß besteht darin, so schnell wie möglich einen vollständigen Materialstammsatz im R/3-System sicherzustellen. Es wird davon ausgegangen, daß sich die Unternehmensstruktur aus einem Werk und einer Verkaufsorganisation/Vertriebsweg zusammensetzt.

Wird nach dem abgebildeten Vorgehensmodell vorgegangen, könnten sich ausgewählte Prozesse im Laufe eines SAP-Einführungsprojektes als workflow-geeignet herausstellen und wären entsprechend zu implementieren. Aber auch, wenn eine SAP-Einführung in einem ersten Schritt die im Altsystem vorhandene Funktionalität weitgehend abdecken sollte und erst in einem anschließenden Folgeprojekt BPR-Maßnahmen ergriffen werden sollen (siehe dazu Einführungsstrategie gem. Möglichkeit 2 in Abbildung 2.3), können mit Hilfe der Schwachstellenanalyse entsprechende Geschäftsprozesse ermittelt werden. Zur Schwachstellenanalyse kann bspw. ein geeigneter Erhebungsbogen[1] ausgearbeitet und an die Teammitglieder verteilt werden. Als Antworten ergeben sich i. d. R. interessante Aspekte, die dann in persönlichen Interviews oder in Projektbesprechungen näher erörtert und für den Workflow-Einsatz beurteilt werden können. Anschließend werden die ausgewählten Prozesse sowohl organisatorisch als auch DV-technisch analysiert und optimiert.

Bei der Geschäftsprozeßmodellierung stellt sich schon recht früh die Frage nach der Modellierungsmethode. Dieser Aspekt ist für Workflow-Projekte von besonderem Interesse, da evtl. vorhandene Modelle jeweils in die Modellierungsmethode ePK umzusetzen sind. Soweit möglich, sollte diese Transformation vermieden werden[2], indem bereits bei der GP-Modellierung auf die ePK zurückgriffen wird. Dazu ist nicht grundsätzlich die Anschaffung von Software notwendig, vielmehr hat sich die *„manuelle"* Modellierung an Flipchart oder Pinnwand als recht effektiv erwiesen.

---

[1] Der Erhebungsbogen ist im Kapitel 2.2.2 wiedergegeben. In Bezug auf die Auswahl und Formulierung der Fragen sind u. U. unternehmensspezifische Gegebenheiten und Belange zu berücksichtigen.

[2] Siehe auch Fußnote auf Seite 77

4.3.1 Beschreibung des ausgewählten Prozesses

Bei der Materialstammpflege handelt es sich weder um einen kritischen Prozeß noch um einen Hauptprozeß, der direkt an der Wertschöpfung beteiligt ist, vielmehr sollen mehrere kritische Hauptprozesse durch ein Workflow an ihren Berührungspunkten reibungslos zusammengeführt werden.

Im Fokus der Betrachtung steht ein Materialstammsatz. Er bildet die Gesamtheit aller Informationen über ein Material, das ein Unternehmen beschafft, fertigt, lagert oder verkauft. Für das Unternehmen stellt der Materialstamm die zentrale Quelle zum Abruf materialspezifischer Daten dar. Materialstammdaten werden beispielsweise benötigt, um

- im Einkauf eine Bestellabwicklung durchzuführen;
- im Lager Warenbewegungen zu buchen und die Inventur durchzuführen;
- in der Rechnungsprüfung Rechnungen zu buchen;
- im Vertrieb Aufträge abzuwickeln;
- in der Produktionsplanung und -steuerung Materialverfügbarkeiten festzustellen.

Es ist erkennbar, daß nahezu alle Unternehmensbereiche in irgendeiner Weise vom Materialstamm tangiert werden. Im R/3-System ist der Materialstamm hierarchisch aufgebaut und in seiner Struktur der als bekannt vorausgesetzten Organisationsstruktur *Mandant - Buchungskreis - Werk - Lagerort* angepaßt, damit die Materialdaten innerhalb des Unternehmens zentral verwaltet werden können, ohne eine redundante Datenhaltung erforderlich zu machen; d. h. es gibt Materialdaten, die auf allen Organisationsebenen gelten, während andere nur für bestimmte Ebenen (Mandanten-, Werks-, Lagerort-, Verkaufsorganisations-, Lagernummern-, Lagertypenebene) gültig sind.

Alle zur Verwaltung eines Materials notwendigen Informationen sind im Materialstammsatz abgelegt. Um verschiedene Materialien gemäß den betrieblichen Anforderungen einheitlich verwalten zu können, werden gleiche Eigenschaften in Gruppen eingeteilt und einer Materialart zugeordnet. Die gebräuchlichsten Materialarten sind:

ROH: **Rohstoffe** werden ausschließlich fremdbeschafft und weiterverarbeitet (z. B.: Stahl, Stoff, Holz, Schrauben).

HALB: **Halbfabrikate** können fremdbeschafft sowie eigengefertigt werden und werden im Unternehmen weiterverarbeitet (z. B.: Baugruppen, Tischgestell).

FERT: **Fertigerzeugnisse** werden aus Rohstoffen und Halbfabrikaten selbst hergestellt (z. B.: Tisch, Stuhl).

HAWA: **Handelswaren** werden fremdbeschafft und weiterverkauft (z. B.: Schreibtischlampe).

HIBE: **Hilfs- und Betriebsstoffe** werden fremdbeschafft und zur Fertigung anderer Erzeugnisse benötigt (z. B.: Kabel, Öl, Zylinder).

ERST: **Ersatzteile** werden fremdbeschafft oder eigengefertigt und zur Fertigung anderer Erzeugnisse benötigt. Sie sind direkt einer Produktionseinheit zuordenbar (z. B.: Seitenlehne, Fußstopfen).

NLAG: **Nichtlagermaterial** ist Material, das nicht auf Lager gehalten und damit weder stück- noch wertmäßig bewertet wird (z. B.: Büromaterial).

Da verschiedene Abteilungen eines Unternehmens mit einem Material arbeiten und jede Abteilung unterschiedliche Informationen hinterlegen will, lassen sich die Daten eines Materialstammsatzes auch nach ihrer Zugehörigkeit zu einem bestimmten Fachbereich unterteilen. Jeder dieser Fachbereiche hat seine eigene Sicht auf einen Materialstammsatz und ist für die Richtigkeit seiner Daten verantwortlich. Wenn ein Fachbereich seine Daten für ein Material angelegt hat, wird ein *Pflegestatuskennzeichen* für diesen Bereich gesetzt, um jederzeit feststellen zu können, welche Daten bereits gepflegt sind und welche noch gepflegt werden müssen. Der Pflegestatus ist besonders dann von Bedeutung, wenn bestimmte Datenbestände Voraussetzung für die weiterführende Bearbeitung des Materialstammsatzes sind. Beispielsweise kann ein Auftrag für ein Material erst angelegt werden, wenn zuvor die Vertriebssichten gepflegt wurden und der Bewertungspreis kalkuliert wurde.

Abbildung 4.3: Sichten eines Materialstammsatzes

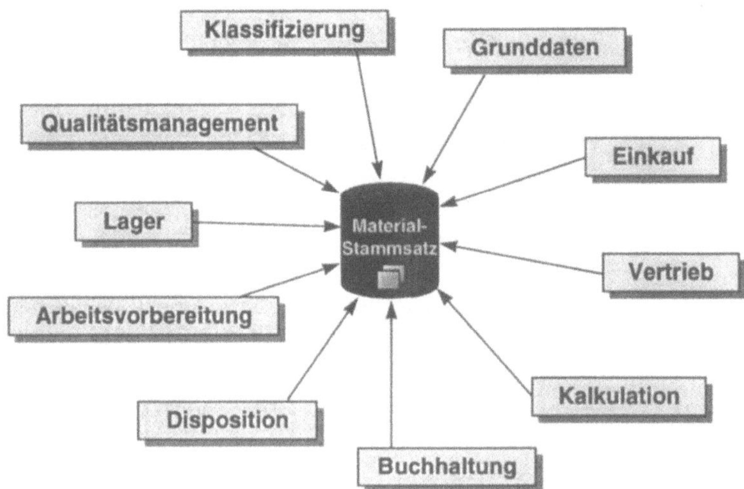

Zur Beschreibung der Informationen, die in den unterschiedlichen Sichten abgelegt werden, sollen einige Beispiele dienen:

- **Grunddaten:** Abmessung, Gewicht, Daten zur Dokumentenverwaltung, Europäische Artikelnummer.
- **Einkauf:** Die für das Material zuständige Einkäufergruppe, zulässige Über- und Unterlieferungstoleranzen, Einkaufsbestelltext.
- **Vertrieb:** Produkthierarchie, Kontierungsgruppe, Preismaterial, Vertriebstext.
- **Kalkulation:** Erzeugnis- oder Einzelkalkulation, kalkulatorische Losgröße, Vorschlagsdaten für die Bewertung.
- **Buchhaltung:** Preissteuerung, Standardpreis oder gleitender Durchschnittspreis, Bewertungsklasse.
- **Disposition:** Dispositionsmerkmal, Sicherheitsbestand, geplante Lieferzeit oder Fertigungszeit.
- **Arbeitsvorbereitung:** Toleranzdaten, Eigenfertigungszeiten.
- **Lager:** Lagerbedingungen, Verpackungsmaße, Daten für die Ein- und Auslagerung, Ladehilfsmittelmengen.
- **Qualitätsmanagement:** Technische Lieferbedingungen und Zeugnis erforderlich oder nicht, QM-Prüfdaten.
- **Klassifizierung:** Zuordnung zu einer oder mehreren Klassen.

Je nach Materialart können in Abhängigkeit von Customizing-Einstellungen unterschiedliche Sichten gepflegt werden. Systemtechnisch können diese Sichten in unabhängiger Reihenfolge nacheinander angelegt werden. Lediglich einige wichtige Felder der Grunddatensicht sind Voraussetzung für die übrigen Sichten. Sowohl die Auswahl, welche Sichten bei einem Material nun tatsächlich angelegt werden, als auch eine logische Reihenfolge bei der Anlage ergibt sich i. d. R. durch die betrieblichen Abläufe. Die folgende Tabelle zeigt die zu pflegenden Sichten bei Verwendung der SAP-Standardeinstellungen. In die Spalte *„frei"* können unternehmensspezifische Einstellungen eingetragen und als Vorgabe zur Workflow-Implementierung eingesetzt werden.

Tabelle 4.1: Anlegbare Sichten in Abhängigkeit der Materialart

Materialart / Abteilung	Status	ROH		HALB		FERT		HAWA		HIBE		ERSA		NLAG	
		SAP	frei	SAP	frei	SAP	frei	SAP	frei	SAP	frei	SAP	frei	SAP	frei
AV	A			O		O									
Buchhaltung	B	O		O		O		O		O		O		O	
Klassifizierung	C	O		O		O		O		O		O			
Disposition	D	O		O		O		O		O		O		O	
Einkauf	E	O		O				O		O		O		O	
Kalkulation	G	O		O		O									
Grunddaten	K	O		O		O		O		O		O		O	
Lager	L	O		O		O		O		O		O			
Prognose	P	O		O		O		O		O		O			
QM	Q	O		O		O		O		O		O			
Lagerverwaltung	S	O		O		O		O		O		O			
Vertrieb	V			O		O		O						O	

Soll in einem Unternehmen die Pflege der einzelnen Materialstammsichten dezentral in den einzelnen Fachabteilungen abgewickelt werden, kann ein Workflow die Koordination der Materialstammpflege übernehmen, d. h. falls ein neues Material - etwa in der Konstruktion - angelegt wird, sollen sukzessiv alle weiteren Sachbearbeiter dazu aufgefordert werden, ihre Sichten für das betreffende Material zu pflegen, um die reibungslose Verwendung des Materials zu gewährleisten.

4.3.2 Schwachstellen des ausgewählten Prozesses

Im Business-Navigator können über die Prozeßauswahlmatrix im Bereich Materialwirtschaft die Prozesse ermittelt werden, die direkt mit der Materialstammpflege zusammenhängen. Im einzelnen handelt es sich um folgende Abläufe[1]:

- Materialstammbearbeitung
- Materialstammbearbeitung PP
- Materialstammbearbeitung SD
- Konsignations-Materialstammbearbeitung
- Materialstammbearbeitung QM
- Materialstammbearbeitung für QM in MM
- Materialstammbearbeitung für QM im Vertrieb

Die unvollständige Pflege der Materialdaten beeinflußt den weiteren Ablauf dieser Prozesse unmittelbar. Da diese Prozesse wiederum Teilprozesse anderer, übergeordneter Abläufe sind, kann im Extremfall beispielsweise ein Auftrag nicht bearbeitet werden, weil die Kalkulationssicht eines Erzeugnisses noch nicht gepflegt ist oder ein Auftrag kann nicht ausgeliefert werden, weil die Lagersicht nicht vollständig gepflegt wurde. Der gesamte Betriebsablauf wird gehemmt und große Unruhe wird einkehren bis das Problem beseitigt ist.

Unvollständige Materialstammdaten blockieren den Betriebsablauf

Selbst innerhalb eines einzelnen Prozesses kann eine Blockade auftreten, falls Zweige oder Teilprozesse nicht ordnungsgemäß durchlaufen werden. Das Problem wird verstärkt, je mehr Sachbearbeiter am Prozeß Materialstammpflege beteiligt sind, dasselbe zu bearbeitende Geschäftsobjekt also durch mehrere Abteilungen oder sogar Standorte wandern muß. Dadurch ist ein hoher organisatorischer Koordinationsaufwand nötig, um einen konsistenten und vollständigen Materialstamm zu gewährleisten. Besonders Transport, Übermittlungs- und Liegezeiten spielen hier eine nicht zu vernachlässigende Rolle, die bspw. bei beleggebundener Organisation nur sehr schwer verkürzt oder sogar eliminiert werden können.

1 Die ereignisgesteuerten Prozeßketten dieser Prozesse sind ebenfalls über den Business Navigator abrufbar.

Die Information, welche Sicht welchen Materials von welchem Sachbearbeiter als nächstes zu pflegen ist, muß irgendwie durch das Unternehmen wandern und die Aufgabe von den betreffenden Personen erledigt werden. Der schnelle und ordnungsgemäße Ablauf des Prozesses hängt somit wesentlich von der Disziplin der beteiligten Sachbearbeiter ab. Selbst noch so ausgeklügelte organisatorische Maßnahmen sind nicht in der Lage, die *„Schwachstelle Mensch"* zu beseitigen. Andererseits muß ein gewisser Spielraum für Improvisation und Intuition in Sondersituationen frei bleiben. Da jedoch der Betriebsablauf durch mangelnde Materialstammpflege gefährdet sein kann, muß der Prozeß nicht nur so fehlertolerant wie möglich organisiert werden, sondern den Mitarbeitern ist die Bedeutung des Prozesses klar zu machen, und sie sind zu selbstverantwortlichem Handeln anzuhalten.

4.3.3 Lösungsmöglichkeiten der Prozeßsteuerung

Unabhängig von den oben festgestellten Schwachstellen oder der Praktikabilität sind für die Materialstammpflege grundsätzlich folgende unterschiedliche Abläufe denkbar:

Chaotische Lösung

Der Prozeß wird nicht organisiert, sondern improvisiert geregelt. Bei der Neuanlage eines Materials in einer Abteilung erfolgt keine Information an andere Abteilungen, vielmehr wird die Materialstammpflege während der üblichen Betriebsabläufe *selbständig* initiiert. Wird während des täglichen Geschehens festgestellt, daß die Pflege einer Materialstammsicht notwendig ist, wird der zuständige Sachbearbeiter informiert und zur Pflege der Daten angehalten.

Diese Regelung erfordert keinen großen organisatorischen Aufwand für einen Prozeß, der voraussichtlich nicht stark frequentiert sein wird. Weiterhin befreit dies von zu starker Reglementierung und kann zur Erhöhung der Motivation der Mitarbeiter führen, da sie sich selbst verantwortlich für den Datenbestand fühlen.

Bei einem tatsächlichen Defizit von Materialstammdaten werden die Daten in der Regel sehr schnell benötigt, um den weiteren Betriebsablauf nicht zu blockieren. Die Feststellung und gegebenenfalls die Verfügbarkeit des zuständigen Kollegen kann u. U. zu viel Zeit in Anspruch nehmen und im Produktivbetrieb gravierende Auswirkungen haben, die evtl. einen finanziellen Schaden nach sich ziehen können.

Zentrale Lösung

Die Transportzeiten werden eliminiert, indem die Materialstammpflege zentralisiert wird. Ein Mitarbeiter mit Vertretung ist verantwortlich für die korrekte und vollständige Pflege der Materialdaten. Die Daten erhält er teilweise aus seinem eigenen Arbeitsgebiet und teilweise besorgt er sich fehlende Informationen von anderen Mitarbeitern. Sinnvollerweise wird diese Tätigkeit in einem Bereich mit starken Berührungspunkten zum Materialstamm angesiedelt, damit nur relativ wenige Daten extern beschafft werden müssen.

Die Gefahr des unvollständigen Stammdatenbestandes kann nahezu beseitigt werden. Weiterhin ist die eindeutige Verantwortlichkeit für die Stammdaten festgelegt. So könnte beispielsweise auch die Bereinigung von Altdatenbeständen zum Aufgabengebiet des Stammdatenpflegers gehören, eine Tätigkeit, die i. d. R. vernachlässigt wird und nicht unterschätzt werden darf. Plattenkapazität und Kapital werden in nicht unerheblichem Maß gebunden.

Die Philosophie von SAP, den Materialstamm dezentral in Form von unterschiedlichen Sichten zu verwalten, hat einen praktischen Hintergrund, denn die Frage, in welchem Bereich die Stammdatenpflege angesiedelt werden soll, ist nahezu unbeantwortbar. Selbst in kleinen Betrieben wird sich nur schwerlich eine Stelle finden lassen, in der Konstruktions-, Buchhaltungs- und Lagerdaten zusammenlaufen. Art und Inhalt der zu pflegenden Daten sind so wesensfremd, daß sich eine zentrale Lösung kaum realisieren läßt. Das Vorgehen, sich die Daten beispielsweise telefonisch vom Kollegen zu beschaffen, hat gegenüber einer dezentralen Lösung keinen Vorteil mehr, vielmehr wandern hier nur die reinen Daten von einer zur anderen Stelle, das fachliche Know-how bleibt weiterhin bei der auskunftgebenden Stelle. Eventuell sind zu einem späteren Zeitpunkt weitere Rückfragen durch den Stammdatenpfleger notwendig, mit zusätzlichem Aufwand für beide Beteiligte. Die direkte Pflege durch den Spezialisten würde in den meisten Fällen sicherlich effektiver verlaufen.

Pragmatische Lösung

Diese Lösung versucht die Materialstammpflege durch organisatorische Maßnahmen zu koordinieren. Es wird festgelegt, in welcher verbindlichen Reihenfolge die einzelnen Sichten von welchen Sachbearbeitern zu pflegen sind. Jeder betroffene Mitarbeiter verpflichtet sich, nach einer Materialstammpflege für seinen Bereich den jeweils nächsten zuständigen Sachbearbeiter per Formular, telefonisch oder per Email zu informieren. Dazu erhält jeder Mitarbeiter eine Liste, aus der die Reihenfolge der Sichtenpflege, der zuständige Sachbearbeiter und dessen Telefonnummer bzw. Emailadresse hervorgeht.

Der Prozeß ist eindeutig spezifiziert und kann gemäß den Forderungen von ISO 9001 ff nachvollzogen und überwacht werden. Lücken in der Prozeßkette können leicht aufgedeckt und durch Nachbesserungen geschlossen werden. Den Mitarbeitern wird außerdem eine ganzheitliche, bereichsübergreifende Denkweise nähergebracht, die zu mehr Verantwortungsgefühl gegenüber einem korrekten Stammdatenbestand führen kann.

Die Weiterleitung der Information von einem zum nächsten Sachbearbeiter verschlingt je nach verwendetem Transportmedium nicht unerhebliche Zeit, in der der Prozeß nicht vorankommt. Weiterhin ist diese Lösung sehr stark von der Gewissenhaftigkeit der Mitarbeiter abhängig. So kann nicht sichergestellt werden, daß auf der einen Seite die Informationsweiterleitung immer erfolgt und auf der anderen Seite kann kein Zeitrahmen für die Erledigung der Aufgabe vorgegeben werden. So kann bei dieser Lösung leicht die „chaotische" Situation eintreten, bei der die Verwendung eines Materials fehlende Stammdatenbestände aufdeckt und die weitere Bearbeitung blockiert.

Transaktionslösung

Bei dieser Lösung wird vorgegangen wie bei der chaotischen Lösung, d. h. jeder Bereich pflegt ausschließlich seine Sichten, ohne sich um die anderen Sichten zu kümmern. Eine Information an andere Abteilungen erfolgt nicht, sondern die zuständigen Mitarbeiter verpflichten sich, täglich die R/3-Transaktion MM50 („Erweiterbare Materialien") mit entsprechend vorgegebenen Eingabeparametern aufzurufen.

Im Einstiegsbild wird unter Pflegestatus die zu pflegende Sicht angegeben (Kürzel siehe Tabelle 4.1). Es wird anschließend eine Liste mit allen Materialien angezeigt, die für diese Sicht noch ungepflegte Datenbestände aufweisen. Ausgehend von dieser Übersichtsliste kann direkt in den entsprechenden Dialog zur Materialstammpflege verzweigt und die Dateneingabe vorgenommen werden.

Diese Lösung ist die von SAP empfohlene Vorgehensweise. Sie unterstützt die dezentrale Stammdatenpflege. Bei aktiver Mitarbeit der Bearbeiter kann die Vollständigkeit des Materialstammbestandes jederzeit gewährleistet werden.

Negativ fällt auf, daß das abteilungszentrierte Denken der Mitarbeiter durch diese Lösung gefördert wird. Auch ist die Vorgehensweise nicht besonders effektiv.

So müßte eine betriebsspezifische Erhebung vorgenommen werden, um den optimalen Zeitabstand zu bestimmen, in dem die Mitarbeiter die Transaktion aufrufen sollen.

Abbildung 4.4: Transaktion MM50 „Erweiterbare Materialien“

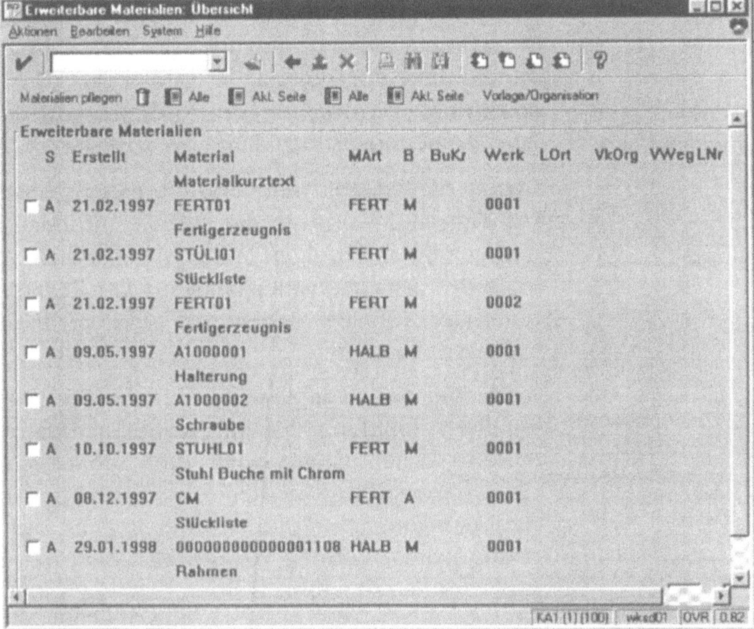

Dieser Zeitabstand ist abhängig von der Anzahl der neu zu pflegenden Materialien. Die tägliche Abfrage kann vielleicht in der Mehrheit der Fälle kein Ergebnis bringen, die Abfrage im wöchentlichen Rhythmus kann dagegen zu lang sein und ein Stammdatenengpaß tritt ein. Werden noch andere Stammdatenbestände (Kunden, Lieferanten usw.) in die Betrachtung einbezogen, so müßten die Mitarbeiter auch diese Bestände auf ähnliche Weise quasi manuell überwachen und wären allein durch solche Tätigkeiten relativ stark gebunden. Auch wird durch die Transaktionslösung nicht in Betracht gezogen, daß die im Customizing freigegebenen Sichten lediglich die Pflege einer Sicht ermöglichen. Eine Verpflichtung zur Pflege (Muß-Aktivität) besteht dadurch nicht. Die Listausgabe zeigt immer alle gemäß Customizing nicht gepflegten Sichten an und der Anwender hat keine Möglichkeit, dem System mitzuteilen, daß eine gewisse Sicht für ein Material gar nicht gepflegt werden soll. So kann der Listenumfang mit Zunahme der Anzahl von Materialien ebenfalls steigen, unabhängig von der tatsächlichen Vollständigkeit der Materialstämme.

Workflow-Lösung

Bei dieser Lösung übernimmt das Workflow-System die Koordination der Materialstammpflege. Dazu wird der genaue Ablauf festgelegt, in der die einzelnen Sichten zu pflegen sind und dem Workflow-System in Form einer ereignisgesteuerten Prozeßkette bekanntgemacht. Jeder betroffene Mitarbeiter erhält vom Workflow-System nur dann eine Mitteilung in seinem Posteingang, wenn ein Material zu pflegen ist. Durch Starten des entsprechenden Workitems im Postkorb wird direkt in den Dialog zur Dateneingabe verzweigt.

Durch die ereignisorientierte Vorgehensweise ist im Gegensatz zur Transaktionslösung die gezielte Informationsweiterleitung an den gerade zuständigen Mitarbeiter möglich. Außerdem kann mit Hilfe des Eskalationsmechanismus der Zeitrahmen für die Erledigung der Aufgabe eingegrenzt werden, was zur Sicherheit des Prozesses beiträgt.

Auch hier wird das Abteilungsdenken der Mitarbeiter gefördert, da die Vermittlung der Informationen durch ein elektronisches System vorgenommen wird, dem schließlich auch weitgehend die Verantwortung für den Prozeß übertragen wird. Zusätzliche Bedingungen, Restriktionen oder Regeln, die für spezielle Materialien gelten, können vor der Mitarbeiterbenachrichtigung überprüft und durchgeführt werden.

Die Mitarbeiter müssen bei dieser Lösung Disziplin wahren und regelmäßig in ihrem elektronischen Eingangskorb nach zu erledigenden Aufgaben schauen. Dieser Nachteil wird sich allerdings entschärfen, wenn der Einsatz von Emails und Workflows im Laufe der Zeit zunimmt. Dann wird der integrierte Postkorb zum alltäglichen Medium, von dem aus eine Vielzahl von Aufgaben initiiert wird. Außerdem könnten die Mitteilungen auch als Expreßdokument versendet werden. Dies bewirkt, daß der Empfänger während seiner Arbeit durch das Einblenden eines Hinweisfensters vom neuen Posteingang informiert wird und dann direkt in den Eingangskorb springen kann.

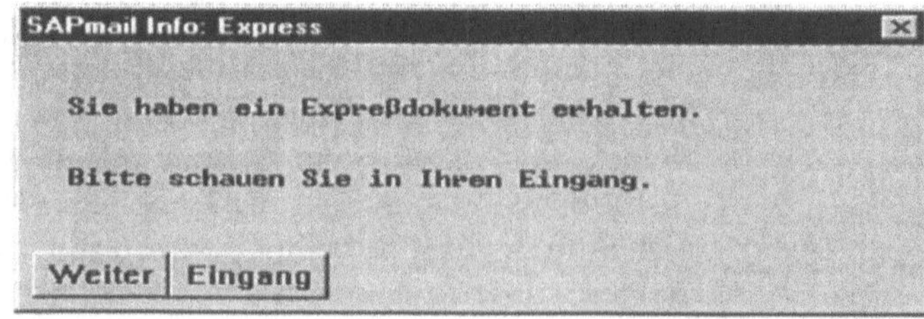

Abbildung 4.5: Meldung beim Eingang eines Expreßdokumentes

Alternativszenarien

Als Urmodelle sind im folgenden zwei Ablaufdiagramme abgebildet, die als Grundlage für die ereignisgesteuerten Prozeßketten des Workflow-Systems dienen sollen. Sie sind mit den von einem Programmablaufplan (PAP) her bekannten Symbolen erstellt und können leicht in ePKs übertragen werden. Sie bewegen sich auf einer oberen Abstraktionsebene und weisen noch recht wenige system- und implementierungsrelevante Beziehungen auf. Diese sind bei der Transformation in ereignisgesteuerte Prozeßketten zu ergänzen. Erfolgt die Transformation erst während der Implementierung, wird es zu verstärkten Nachfragen durch den Entwickler kommen. Hierin zeigt sich ein wesentlicher Nachteil bei der Verwendung anderer Modellierungsmethoden. Die Erfahrung hat gezeigt, daß der Detaillierungsgrad durch die direkte Modellierung einer ePK steigt und Problemfelder so bereits im Vorfeld besser eingegrenzt und erschlagen werden können.

Je nach Materialart unterscheidet sich der logische Ablauf des Prozesses hinsichtlich der zu pflegenden Sichten. Weitere Unterscheidungsmerkmale wie etwa unterschiedliche Zuständigkeiten für die Materialarten, zusätzliche Bedingungsprüfungen bei bestimmten Materialarten usw. sind denkbar. Zwar könnten all diese Abhängigkeiten und Prüfungen auch innerhalb eines einzigen Workflows implementiert werden, es erscheint jedoch im Sinne einer übersichtlichen Prozeßgestaltung als vernünftig, für jede Materialart einen separaten Prozeß und somit getrennte Workflows zu definieren.

Abhängig von der logischen Reihenfolge der Sichtenpflege sind zwei grundsätzliche Arten des Ablaufs denkbar:

1. Die einzelnen Sichten sollen sequentiell in einer vorgegebenen Reihenfolge gepflegt werden, d. h. erst wenn Sachbearbeiter A seine Daten erfolgreich eingegeben hat, wird Sachbearbeiter B zur Pflege seiner Sicht aufgefordert. Als Beispiel soll hier das Flußdiagramm eines Fertigerzeugnisses dienen:

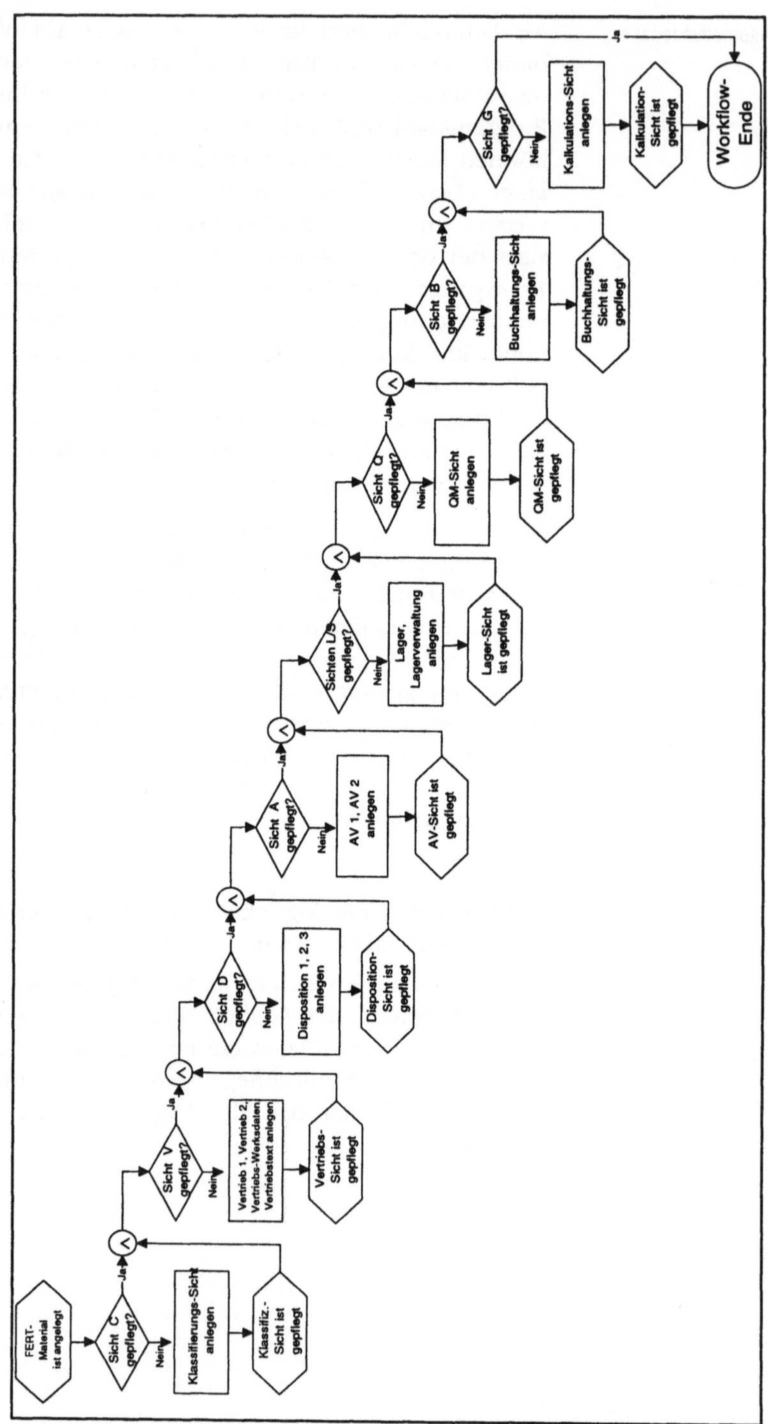

Abbildung 4.6: Ablaufdiagramm bei sequentieller Materialstammpflege

2. Die einzelnen Sichten werden nach der Anlage eines neuen Materials parallel durchgeführt, d. h. nach Neuanlage eines Materials wird sofort eine Information an alle weiteren Sachbearbeiter übermittelt. Diese Möglichkeit beschleunigt den Pflegeprozeß im Vergleich zur sequentiellen Vorgehensweise wesentlich und kann umgesetzt werden, wenn keine Datenabhängigkeiten zwischen den einzelnen zu pflegenden Sichten bestehen, was i. d. R. sichergestellt ist.

Abbildung 4.7: Ablaufdiagramm bei paralleler Materialstammpflege

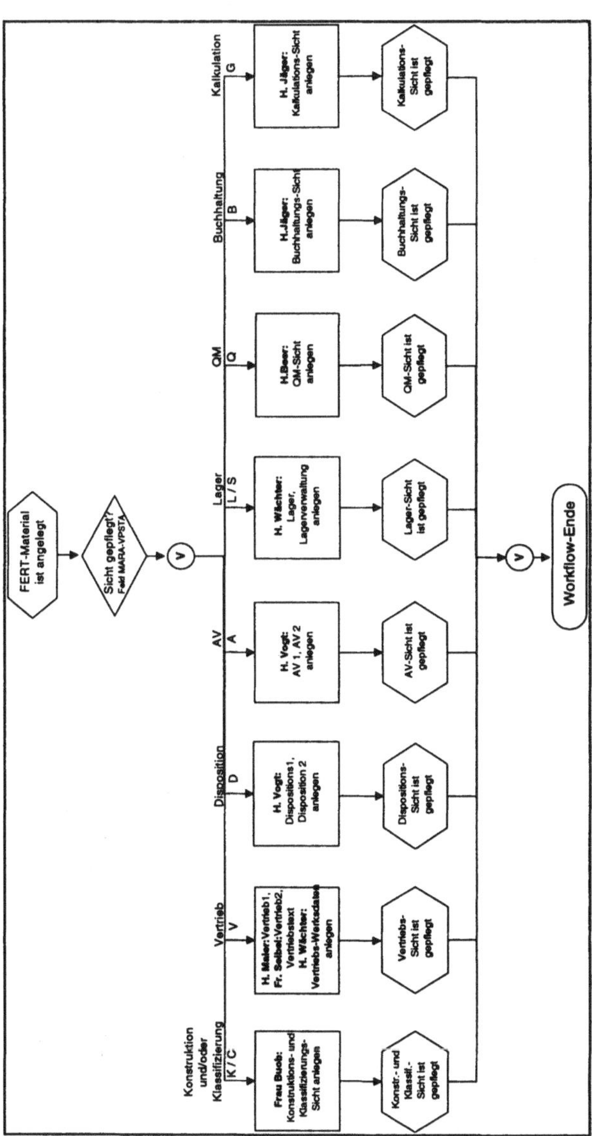

Im folgenden wird davon ausgegangen, daß die Analyse die Umsetzung der parallelen Materialstammpflege ergeben hat. Ausgangspunkt für die Implementierung ist somit das Ablaufdiagramm aus Abbildung 4.7. Noch fehlende Details in diesem Ablaufplan werden bei der Umsetzung in eine ePK jeweils ergänzt. Es ergibt sich die folgende ePK, die als Implementierungsgrundlage herangezogen werden kann:

Abbildung 4.8: Ereignisgesteuerte Prozeßkette zur Materialstammpflege

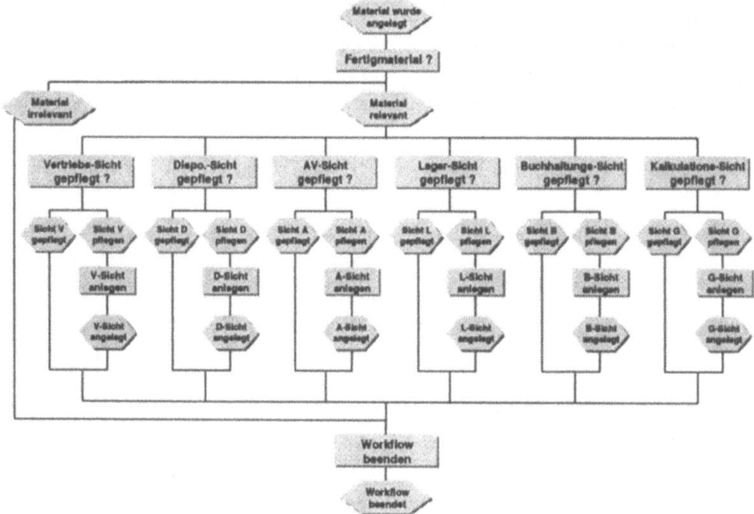

Im Vergleich zum ursprünglichen Ablaufdiagramm beinhaltet die ePK einige Abweichungen. Die Grunddatensicht wird nicht mehr gepflegt, weil aus Prozeßsicht davon ausgegangen werden kann, daß diese Sicht in jedem Fall vorhanden ist, wenn ein neues Material angelegt wurde. Die Klassifizierungs-, Qualitätsmanagement- und Lagerverwaltungssicht soll bei Fertigmaterialien nicht gepflegt werden. Diese Sichten sind deshalb nicht im Ablauf integriert. Weiterhin wurden die Prüfungen auf die Existenz der entsprechenden Materialstammsichten (Hintergrundschritt) in den jeweiligen Zweig des parallelen Abschnitts verschoben, damit die einzelnen Sichten unabhängiger voneinander ablaufen können. Welche Einzelkomponenten zur Realisierung dieses Prozesses erforderlich sind, kann aus der ePK nun abgeleitet werden. Somit besteht jetzt die Möglichkeit, eine grobe Aufwandschätzung für die Implementierungsphase abgeben zu können. Der Aufwand incl. Schulung wird mit 3 - 4 Personentagen veranschlagt.

Es werden folgende Einzelkomponenten benötigt:

- **Workflows:** Für jede Materialart ist ein eigenes Workflow zu erstellen, da die zu pflegenden Sichten und damit die Abläufe für jede Materialart unterschiedlich sind (siehe Tabelle 4.1).
- **Einzelschrittaufgaben:** Für jede zu pflegende Sicht und für alle Hintergrundaufgaben (Sicht gepflegt?) ist je eine Einzelschrittaufgabe zu definieren.
- **Objektmethoden:** Jede Einzelschrittaufgabe bezieht sich auf eine Objektmethode. Alle Methoden sind zu implementieren.
- **Ereignisse:** Pro Materialart muß ein auslösendes Ereignis definiert werden. Falls mit der Transaktion MM01 (*Material anlegen*) ein neuer Materialstammsatz angelegt wurde, muß je nach Materialart das entsprechende Workflow gestartet werden.
- **Aufbauorganisation:** Alle Organisationseinheiten, Planstellen, Stellen und die aktuelle personelle Besetzung des Unternehmens sind anzulegen.

4.4 Workflow-Implementierung

Da der grundsätzliche Ablauf der Implementierung für alle Materialarten gleich ist, wird im folgenden lediglich die Umsetzung des Prozesses zur Pflege von Fertigmaterialien erläutert. Die Workflows für die übrigen Materialarten können analog realisiert werden. In den folgenden Abschnitten wird dargelegt, wie die oben aufgeführten Komponenten im Einzelnen zu definieren sind. Als zusätzliche Unterstützung dient das auf CD-ROM enthaltene Tutorial, das die Definitionsvorgänge direkt an einem R/3-System vorführt. Eine empfehlenswerte Vorgehensweise ist, sich zuerst in der schriftlichen Ausarbeitung einen Überblick zu verschaffen und anschließend die PowerPoint-Präsentation (in etwa 3 Stunden) getrennt durchzuarbeiten. Beim Durcharbeiten der Kapitel verweist das CD-Symbol jeweils auf vorhandene ScreenCam-Abläufe, die auch direkt anwählbar sind und somit parallel beim Durcharbeiten des Buches zu Hilfe genommen werden können.

Die schematische Vorgehensweise bei der Workflow-Implementierung zeigt die folgende ereignisgesteuerte Prozeßkette.

Abbildung 4.9: Vorgehensweise Workflow-Implementierung

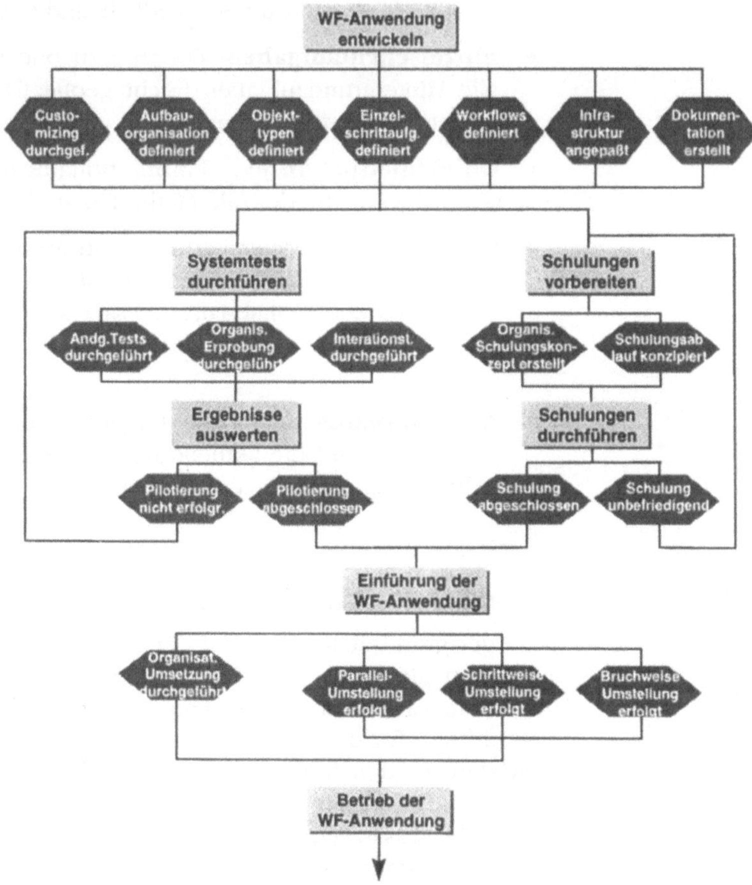

Die Aktivität *WF-Anwendung entwickeln* ist SAP-spezifisch zu erweitern. Abbildung 4.1 zeigt die abzuarbeitenden Teilaktivitäten:

- Customizing
- Definition der Aufbauorganisation
- Definition der Objekttypen
- Definition der Aufgaben
- Definition der Workflows

Die folgenden Abschnitte bilden diese Teilaktivitäten ab.

4.4.1 Customizing

Menüpfad: Werkzeuge → Business Engineer → Customizing → Basis → Business Management → SAP Business Workflow

Die Customizing-Einstellungen unterteilen sich in fünf Hauptbereiche:

- Grundeinstellungen (Organisationsmanagement)
- Grundeinstellungen (System, SAP Business Workflow)
- Aufbauorganisation bearbeiten
- Aufgabenspezifisches Customizing durchführen
- Berechtigungsverwaltung

Die folgende Abbildung zeigt den Einführungsleitfaden des Workflow-Systems:

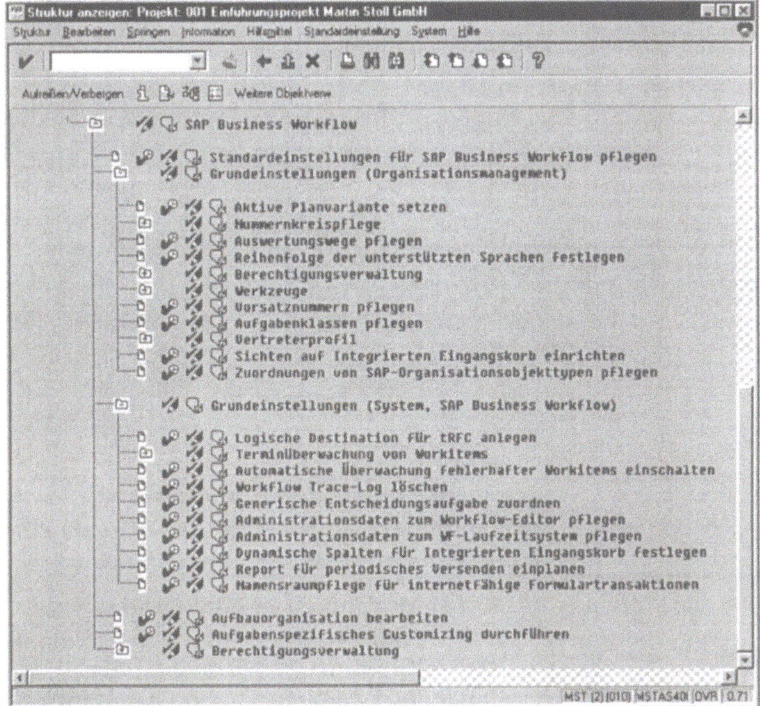

Abbildung 4.10: Customizing des Workflow-Systems

Die ersten beiden Customizing-Bereiche werden i. d. R. vor der ersten Implementierung eines Workflows vorgenommen und fortan nicht mehr verändert. Hierbei handelt es sich um die Aktivierung und Einrichtung des Workflow-Systems als solches.

Die restlichen drei Bereiche hingegen bedürfen der permanenten Pflege und können aus diesem Grunde auch außerhalb des Customizings, quasi als Stammdaten, verwaltet werden. Auf sie wird an dieser Stelle nicht weiter eingegangen.

Von besonderem Interesse ist die Aktivität *„Standardeinstellungen für SAP Business Workflow pflegen"*. Das Workflow-System erfordert einige mandantenabhängige Systemeinstellungen, die mit dieser Aktivität gewissermaßen per Knopfdruck durchgeführt werden können. Außerdem wird das Customizing für das Workflow-System auf Vollständigkeit geprüft.

Abbildung 4.11: Automatisches Customizing

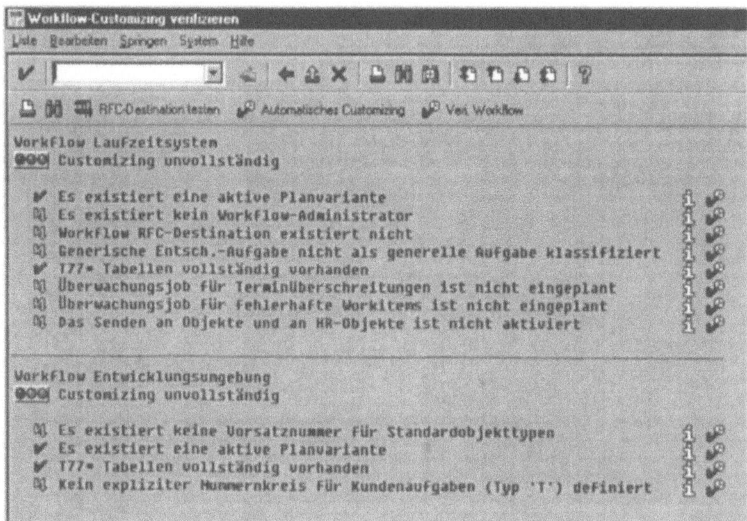

Durch Ausführen des *Automatischen Customizings* werden folgende Standardeinstellungen im System vorgenommen, die im allgemeinen unverändert übernommen werden können:

- **Konfiguration einer RFC-Destination:**
  Das Workflow-System führt alle Funktionen als transaktionale RFC-Aufrufe durch. Zu diesem Zweck wird eine mandantenabhängige, logische Destination WORKFLOW_LOCAL_<Mandt.> angelegt, auf der diese RFC-Aufrufe ausgeführt werden können. Im aktuellen Mandanten ist ein Benutzer (Empfehlung: WF_BATCH) incl. Kennwort zu definieren, der alle möglichen Berechtigungen des SAP-Systems besitzen muß (Profile SAP_ALL, SAP_NEW). Der Benutzer muß mit dem Benutzertyp „Hintergrund" angelegt sein.

- **Einplanen eines Hintergrund-Jobs zur Terminüberwachung:**
Die Terminüberwachung für Workitems erfordert die Einplanung eines Batchjobs der Jobklasse A. Es muß überprüft werden, ob das System mit ausreichend Batch-Prozessen konfiguriert ist. Anschließend wird der Batchjob erstmalig beim Starten des Systems eingeplant.

  Weiterhin kann entschieden werden, ob eine permanente oder einzelfallbezogene Überwachung der Termine vorgenommen werden soll. Im ersten Fall wird definiert, in welchen periodischen Abständen der zuvor beschriebene Batchjob gestartet wird. Er überprüft, ob seit seinem letzten Lauf neue Termine fällig geworden sind. In der Regel genügt die einzelfallbezogene Überwachung, da voraussichtlich nicht mehrere zu überwachende Termine pro Minute anfallen werden.

- **Automatische Überwachung fehlerhafter Workitems:**
Diese Funktion wird standardmäßig nicht eingeschaltet. Damit werden fehlerhafte Workitems in den Status *„fehlerhaft"* überführt und können anschließend durch einen Workflow-Administrator analysiert werden, um die Fehlerursache zu beheben. Bei automatischer Überwachung hingegen wird das fehlerhafte Workitem zu einem späteren Zeitpunkt nochmals gestartet, weil davon ausgegangen wird, daß es sich um einen temporären Fehler (z. B. gewisse Systemressourcen stehen gerade nicht zur Verfügung) gehandelt hat.

- **Setzen einer aktiven Planvariante:**
Planvarianten bieten die Möglichkeit, mehrere Aufbauorganisationspläne parallel im System zu verwalten. In der Regel enthält eine Planvariante die derzeitige Abbildung und Entwicklung des Unternehmens. Andere Planvarianten können zur Abbildung unterschiedlicher Szenarien sowie für Simulationen und Planvergleiche genutzt werden. Es ist immer nur eine der im System angelegten Planvarianten aktiv. Diese Planvariante betrachtet das Workflow-System als die einzig gültige. Die aktive Planvariante wird auf "01" gesetzt, sofern noch keine aktive Planvariante gepflegt war.

- **Klassifizierung von Einzelschrittaufgaben als *„generelle Aufgaben"*:**
  Die generische Entscheidungsaufgabe (Standardaufgabe zur Benutzerentscheidung) und die Standardaufgaben, die das Verifikationsworkflow und das automatische Customizing für die Nachrichtensteuerung verwenden, werden als *„generelle Aufgaben"* klassifiziert. Generelle Aufgaben können von jedem Benutzer angenommen und durchgeführt werden.

- **Pflege eines Workflow-Administrators:**
  Hier wird ein technisch verantwortlicher Benutzer für Workflow-Anwendungen definiert. Dieser Workflow-Administrator tritt immer dann ein, wenn für eine Workflow-Definition zur Laufzeit beispielsweise keine verantwortliche Person festgelegt werden konnte. Außerdem wird er benachrichtigt, wenn fehlerhafte Workitems zu korrigieren sind. Hier sollte also ein technisch versierter Workflow-Spezialist eingetragen werden. Wenn noch kein Workflow-Administrator gepflegt ist, wird durch das automatische Customizing der aktuelle Benutzer (SY-UNAME) als Administrator eingetragen.

Alle Einstellungen des automatischen Customizings können auch in einzelnen Schritten manuell vorgenommen werden, was in der Regel nicht erforderlich ist. Es ist aber in jedem Fall empfehlenswert, das automatische Customizing in jedem Mandanten durchzuführen, bevor Workflows in irgendeiner Weise definiert, transportiert oder ausgeführt werden sollen. Hier noch einige weitere interessante Customizing-Einstellungen, die durch die Automatik nicht berücksichtigt werden:

- **Administrationsdaten zum Workflow-Editor pflegen:**
  Hier ist insbesondere das Netronic-Grafikprofil des Workflow-Editors zu überprüfen. Bei R/3-Systemen, die aus einem früheren Releasestand upgegradet wurden, ist der Grafikindex auf 3 (WF-Def.: Mit Icons und Tool) zu setzen, um bei der Workflow-Definition die volle Funktionsfähigkeit zu erhalten.

- **Vorsatznummer für Standardobjekttypen pflegen:**
  Die Vorsatznummer ist eine dreistellige Nummer, die der fünfstelligen internen Nummer der Objekte des Organisa-tionsmanagements (Stellen, Planstellen usw.) vorangestellt wird. Die Vorsatznummer ist eindeutig bezüglich aller verwendeter Systeme zu vergeben und stellt sicher, daß die Objekte beim Transportieren von einem in ein anderes System nicht überschrieben werden.

- **Nummernkreis für Kundenaufgaben pflegen:**
  Die Nummernbereiche für PD-Objekte und die Art der Nummernvergabe kann objektspezifisch festgelegt werden. Grundsätzlich muß diese Aktivität nicht durchgeführt werden; in der Anzeige des automatischen Customizings erscheint sie denn auch als unerledigt, was die Funktionalität des Workflow-Systems jedoch nicht beeinträchtigt. Für Kundenaufgaben ist es ratsam, einen eigenen Nummernkreis einzurichten, um eine eindeutige Abgrenzung zu Standardaufgaben zu gewährleisten.

  Bei interner Nummernvergabe vergibt das SAP-System die Nummern. Die Nummernkreise sind dann mit den Buchstaben „IN" gekennzeichnet. Bei externer Nummernvergabe vergibt der Anwender die Nummern. Die Nummernkreise sind dann mit den Buchstaben „EX" gekennzeichnet. Es können für einzelne Planvarianten (ohne planvariantenübergreifende Nummernvergabe) und Objekttypen eigene Nummernbereiche (Subgruppen) definiert werden. Die Namen der Subgruppen sind so aufgebaut, daß die beiden ersten Stellen die Planvariante und die beiden letzten Stellen den Objekttyp näher bestimmen. Der Aufbau der Subgruppen hängt davon ab, ob mit oder ohne planvariantenübergreifende Nummernvergabe gearbeitet wird.

  Die folgende Abbildung zeigt die Definition einer planvariantenabhängigen, internen Nummernvergabe für alle Kundenaufgaben (Planvariante = 01, Objekttyp = T, Subgruppe = 01T).

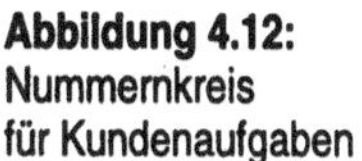
Abbildung 4.12: Nummernkreis für Kundenaufgaben

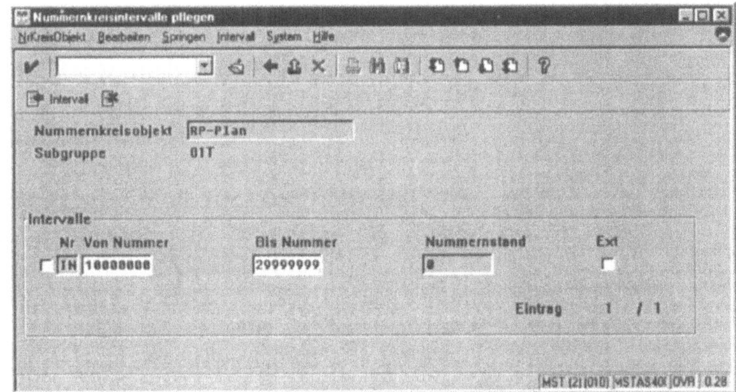

- **Aufgabenspezifisches Customizing:**
  In diesem Bereich können die von SAP ausgelieferten Standardaufgaben und Workflow-Muster aktiviert werden. In der Regel wird dieser Bereich jedoch im Rahmen des Customizings einer betriebswirtschaftlichen Anwendungskomponente von der jeweiligen Fachabteilung durchgeführt. Aus diesem Grund sind die ausgelieferten Workflows auch ihren betriebswirtschaftlichen Komponenten zugeordnet und können gezielt über diesen Suchbaum ausgewählt und aktiviert werden.

  Grundsätzlich sind beim aufgabenspezifischen Customizing zwei Schritte zu durchlaufen. Zunächst müssen die gewünschten Standardaufgaben oder Workflow-Muster den entsprechenden Objekten des Organisationsmanagements zugeordnet werden. Dazu muß die Aufbauorganisation zuvor gepflegt werden. Anschließend muß der bereits vorbereitete Eintrag in der Ereignis-Verbraucher-Kopplungstabelle aktiviert werden, um die in jedem Fall erzeugten Ereignisse auch vom Workflow-System als auslösende Ereignisse verwerten zu lassen.

- **Berechtigungsverwaltung:**
  Die Einstellung von Benutzerberechtigungen wird in aller Regel durch einen Systemadministrator durchgeführt. Bearbeitungsvorgänge, Funktionen und Datenzugriffe werden im SAP-System nur durchgeführt, wenn der Benutzer die entsprechenden Berechtigungen besitzt. Berechtigungsobjekte sind zu Profilen zusammengefaßt, die den betreffenden Benutzern zugeordnet werden müssen.

  Die Erfahrung hat gezeigt, daß viele auftretende Hemmnisse während der Arbeit mit dem Workflow-System auf fehlende Berechtigungen zurückzuführen sind. Eine zu großzügige Vergabe von Berechtigungen insbesondere an Sachbearbeiter kann jedoch zu nicht mehr nachvollziehbaren Vorgängen führen (falls der Benutzer z. B. das Schrittprotokoll verändern kann). Insofern darf die Bedeutung der Berechtigungsverwaltung nicht unterschätzt werden. Sie gehört allerdings nicht unabdingbar zum Aufgabengebiet eines Workflow-Administrators sondern eher zu denen eines Systemadministrators, der auch alle übrigen Berechtigungen pflegt.

  Die folgende Tabelle zeigt die wesentlichen Berechtigungsprofile des Workflow-Systems:

Tabelle 4.2: Berechtigungsprofile

Profil	Berechtigung
S_WF_ALL	Alle Berechtigungen im Bereich des SAP Business Workflow
S_WF_WFADMIN	Berechtigung für einen Workflow-Administrator • Manipulation der Workitems zur Laufzeit
S_WF_PROCORG	Berechtigung für einen Ablauforganisator • Aufgaben und Workflows definieren • Ereigniserzeugung verwalten
S_WF_USER	Berechtigung für einen Sachbearbeiter • Bearbeitung der Aufgaben, die sich im Posteingang befinden

Nachdem alle Customizing-Aktivitäten abgearbeitet sind, sollte die Funktion *„RFC-Destination testen"* ausgeführt werden. Das System versucht dabei eine Anmeldung an der logischen Destination mit dem definierten SAP-Benutzer.

Verifikation des Laufzeitsystems

Schließlich kann die tatsächliche Ablauffähigkeit des Workflow-Systems mit der Funktion *„Veri Workflow“* getestet werden. Hierbei wird ein Ereignis ausgelöst und ein Workflow gestartet, das dem aktuellen Benutzer ein Workitem in den Posteingang stellt. Das Workitem beinhaltet eine Benutzerentscheidung. Nach Ausführen des Workitems gehen zwei Mails im integrierten Postkorb ein. Sie sind als Bestätigung zu verstehen, daß sowohl Online- als auch Hintergrundmethoden in diesem System ablauffähig sind. Damit ist das Workflow-System aus technischer Sicht zur Aufnahme von Prozessen bereit.

Abbildung 4.13: Bestätigungen bei der Workflow-Verifikation

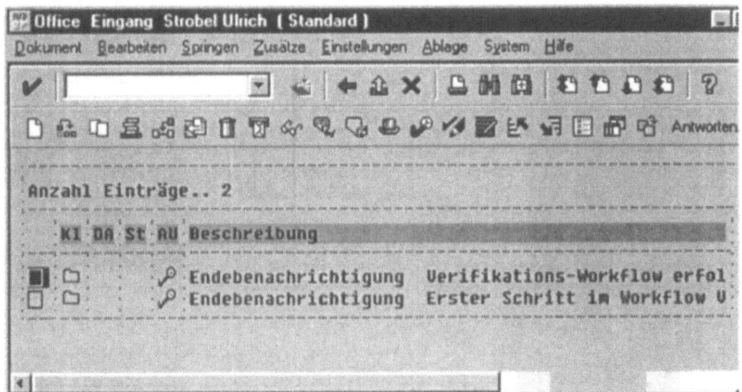

4.4.2 Definition der Aufbauorganisation

Menüpfade:
- Werkzeuge → Business Workflow → Entwicklung → Definitionswerkzeuge → Aufbauorganisation → Anlegen
- Werkzeuge → Business Workflow → Aufbauorganisation → Aufbauorg. ändern
- Personal → Organisationsmanagement → Aufbauorg. ändern

Transaktion: PPOC

Damit das Workflow-System die jeweils zuständigen Sachbearbeiter einer Aufgabe dynamisch zur Laufzeit ermitteln kann, ist die organisatorische Verantwortung für die Bearbeitung jeder Aufgabe zu definieren. Voraussetzung für die Pflege dieser Zuordnung ist der Aufbau einer unternehmensspezifischen Aufbauorganisation. Sie beschreibt die Gliederung des Unternehmens in Organisationseinheiten, deren Koordination und die organisatorische Einordnung der Mitarbeiter. So gesehen ist die Pflege der Aufbauorganisation dem Bereich Personalwesen zuzuordnen. Die Funktionalität im R/3-System ist dementsprechend im PD-Modul angesiedelt und auch dort verfügbar.

Als vorgegebene und bereits bereinigte Aufbauorganisation soll folgendes Organigramm dienen:

Abbildung 4.14: Vorgegebene Aufbauorganisation

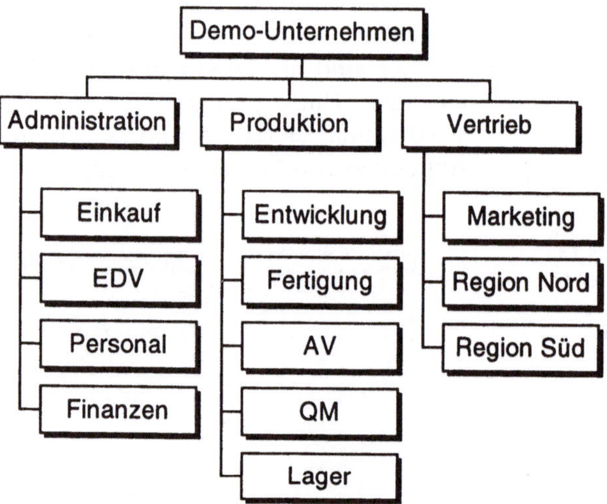

Organisations-einheit anlegen

Das Unternehmen selbst wird als Hauptorganisationseinheit angelegt. Ausgehend von dieser Wurzel der Organisationsstruktur können untergeordnete Organisationseinheiten (Hauptabteilungen) und darunter wiederum hierarchisch untergeordnete

Organisationseinheiten (Abteilungen) angelegt werden. Die Auflösungstiefe der Organisationseinheiten ist unbegrenzt. So kann die gültige Abteilungsstruktur einfach abgebildet werden. Es ergibt sich die geforderte Organisationsstruktur, die auch im grafischen SAP-Editor als Organigramm dargestellt und zur allgemeinen Dokumentation verwendet werden kann.

Stelle und Planstelle anlegen

Im Rahmen ihrer Gestaltung werden die in der Aufgabenanalyse aufgedeckten Elementaraufgaben zu nicht disjunkten Aufgabenkomplexen, den **Stellen** zusammengefaßt. Kriterien für die Kombination von Aufgaben sind in der Regel ähnliche Lösungsverfahren (Verrichtungsprinzip) oder ähnliche Aufgabenobjekte (Objektprinzip). Diese bottom-up-Betrachtungsweise führt in der SAP-Terminologie zu einem Besetzungsplan, indem Stellenbeschreibungen erstellt und diese Stellen den passenden *Planstellen* zugeordnet werden. Eine Planstelle ist andererseits an eine Organisationseinheit gebunden. Im Beispiel wird die Planstelle eines Sachbearbeiters im Vertriebsbereich Nord dargestellt, dem die Stellenbeschreibung eines Vertriebs-Sachbearbeiters zugeordnet wird.

Planstelle zuordnen

Schließlich wird die individuelle Planstelle an die Organisationseinheit *Vertrieb Region Nord* gebunden, d. h. es könnten auch mehrere Planstellen für einen Vertriebs-Sachbearbeiter mit gleicher oder anderer Stellenbeschreibung innerhalb derselben Organisationseinheit existieren.

Leiterplanstelle definieren

Außerdem kann eine Planstelle noch optional als **Leiterplanstelle** ausgezeichnet werden, um die Vorgesetztenstruktur abzubilden. Durch diese Angabe ist das Workflow-System in der Lage, beispielsweise bei Terminüberschreitung einer Aufgabe automatisch den entsprechenden Vorgesetzten des Mitarbeiters zu informieren.

Vertretung definieren

Die technische Abbildung der Aufbauorganisation erfolgt über sog. Infotyp-Strukturen (ab Infotyp 1000) des PD-Moduls. Über den Infotyp 1001 (Objektverknüpfungen) können recht umfangreiche Beziehungen zwischen den einzelnen Objekten (Organisationseinheiten, Planstellen, Stellen usw.) hergestellt werden. Auch das Vertretungskonzept wird über eine solche Verknüpfung definiert. Mit der Verknüpfungsart A210 (vertreten durch) kann einer Planstelle eine andere Planstelle als Vertretungsplanstelle zugeordnet werden. Gleichzeitig erfolgt automatisch eine reziproke Verknüpfung (B210 vertritt) bei der anderen Planstelle. Wird eine Vertretung auf Planstellenebene definiert, genügt im Abwesenheitsfall die Aktivierung der Vertretung.

Ist kein Standardvertreter definiert, muß bei Krankheit oder Urlaub explizit ein Benutzer angegeben werden.

Inhaber zuordnen

Zum Schluß erfolgt die Zuordnung des Mitarbeiterstamms zu den entsprechenden Planstellen. In der Regel werden den Planstellen R/3-Benutzer zugeordnet. Mitarbeiter, die keine R/3-Berechtigung besitzen, können zwecks Personaladministration ebenfalls zugeordnet werden; eine Funktionalität für das Workflow-System besteht in diesem Fall aber nicht.

Aufgabenprofil

Den Inhabern von Planstellen werden Rechte (Kompetenzen) und Pflichten (Verantwortung) bezüglich der Durchführung von Aufgaben zugesprochen. Den Stellen bzw. Planstellen können somit noch die entsprechenden Aufgaben zugeordnet werden. Diese Zuordnung kann einerseits aus dem Blickwinkel der Aufbauorganisation geschehen. Andererseits kann sie auch aus Sicht der Ablauforganisation, d. h. bei der Definition der eigentlichen Aufgaben, erfolgen. In der Praxis wird die letztere Vorgehensweise bevorzugt. Bei den zuzuordnenden Aufgaben handelt es sich um Workflow-Aufgaben, die zum jetzigen Zeitpunkt noch nicht vorhanden sind, und somit nicht zugeordnet werden können. Die direkte Zuordnung einer Aufgabe zu einer Planstelle während der Aufgabendefinition kann später in einem Schritt erfolgen.

Beispiel

Zu den Aufgaben eines Mitarbeiters in der Buchhaltung gehört die Pflege der Buchhaltungssicht des Materialstamms. Es erfolgt also die Zuordnung der Einzelschrittaufgabe *Materialstamm Buchhaltungssicht pflegen* zur Stellenbeschreibung eines *Buchhaltungs-Sachbearbeiters.*

Verknüpfungszeitraum

Bei allen Definitionen ist die Angabe eines Verknüpfungszeitraums erforderlich. Dadurch besteht die Möglichkeit, eine neue Organisationsform beliebig vorzubereiten und zu einem definierten Stichtag in Kraft setzen zu lassen. Besonders bei Mitarbeitern ist der Verknüpfungszeitraum von Interesse, mit dem genau gesteuert werden kann, ab bzw. bis zu welchem Zeitpunkt ein Mitarbeiter für eine bestimmte Planstelle verantwortlich ist. Neueintritte, Austritte oder Versetzungen sind somit komfortabel verwaltbar.

Im Beispielfall ergibt sich die in der folgenden Abbildung gezeigte Organisationsstruktur, die auch mit dem grafischen SAP-Editor angezeigt und bearbeitet werden kann.

Abbildung 4.15: Aufbauorganisation im R/3-System

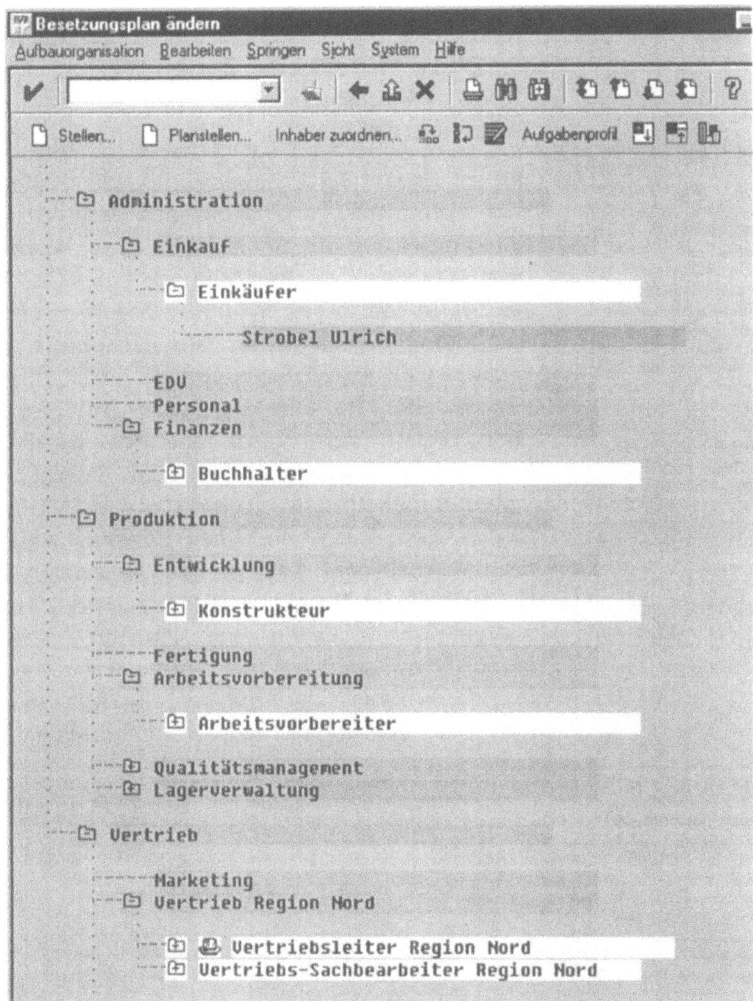

Transportwesen

Die Objekte des Organisationsmanagements werden in einem Mandanten dann automatisch in einen Transportauftrag aufgenommen, wenn für diesen Mandanten in der Tabelle T000 die automatische Aufzeichnung von Änderungen eingestellt ist. In anderen Mandanten können PD-Objekte auch manuell in einen Transportauftrag aufgenommen werden. Bei systemübergreifenden Workflow-Anwendungen muß die Aufbauorganisation in jedem System separat vorgehalten werden. Dies kann evtl. mit ALE-Unterstützung auch zeitnah und konsistent sichergestellt werden. In diesem Fall sind zuvor die Nummernkreisintervalle aller Systeme anzugleichen.

4.4.3 Definition der Objekttypen

Menüpfad: Werkzeuge → Business Workflow → Entwicklung → Objektrepository
Transaktion: SWO1

Wie in Kapitel 3.2.2 dargestellt wurde, basiert ein Workflow auf den Ereignissen und Methoden von Geschäftsobjekten. Die Funktionalität eines Schrittes in einer Workflow-Definition verbirgt sich immer in einer Methode eines Geschäftsobjektes. Bevor die Definition eines Workflows vorgenommen werden kann, muß somit ein passendes Geschäftsobjekt gesucht bzw. kreiert werden. Die Materialstammpflege beschäftigt sich mit dem Objekt Material. Im Objektrepository sind im betriebswirtschaftlichen Umfeld der Logistik drei entsprechende Objekttypen zu finden. Der Objekttyp MOFF ist für Unternehmen mit komplexer Unternehmensstruktur geeignet, da in seinem Schlüssel alle erforderlichen organisatorischen Ebenen (Werk, Verkaufsorganisation, Vertriebsweg, Lagerort etc.), enthalten sind. Der Objekttyp BUS1001001 ist für das R/3-Retail-System vorgesehen. Der Objekttyp BUS1001 ist für eine einfache Unternehmensstruktur mit einem Werk geeignet. Als Schlüssel beinhaltet er lediglich die Materialnummer, als Attribute alle für ein Material relevanten Daten aus den unterschiedlichsten Tabellen.

Abbildung 4.16: Geschäftsobjekte im Bereich Logistik Allgemein

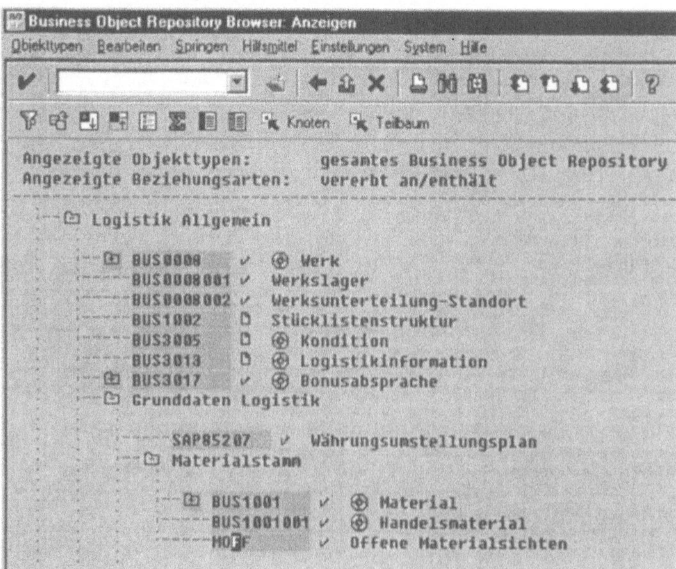

Bei genauerer Betrachtung des Objekttyps **BUS1001** stellt sich schnell heraus, daß die angebotene Funktionalität der Methoden und Ereignisse für den umzusetzenden Prozeß nicht ausreicht. Zwar existieren Methoden zur Existenzprüfung von fehlenden Sichten und zum Anlegen dieser Sichten, allerdings basieren diese auf der bereits angesprochenen Funktionalität der Transaktion MM50 (siehe Kapitel 4.3.3.), die sich lediglich auf Customizing-Einstellungen bezieht und keine Feinsteuerung der Abläufe abdeckt. Dieser Sachverhalt wird wohl in der überwiegenden Zahl der Workflow-Implementierungen so sein. Insofern können die vorhandenen Methoden als gute Vorlage für die eigene Implementierung verstanden werden.

Abbildung 4.17: Standard-Objekttyp BUS1001

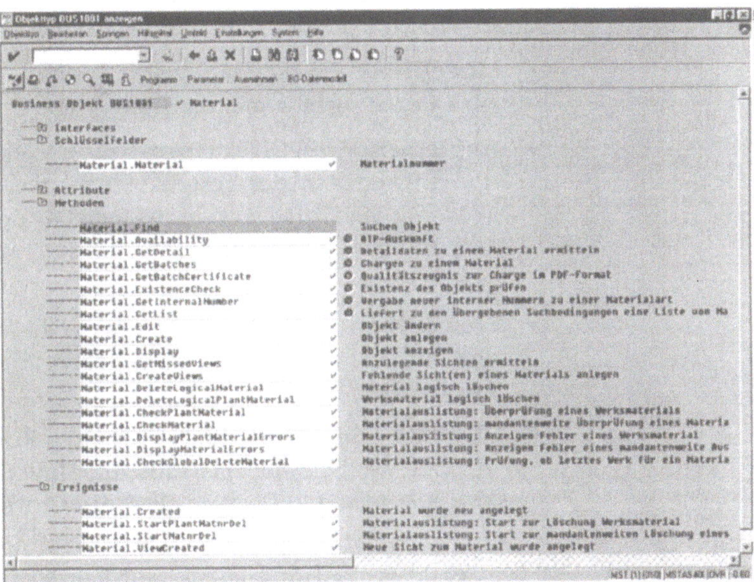

Subtyp definieren

Somit ist ein neuer Objekttyp mit allen Eigenschaften des Objekttyps **BUS1001** anzulegen. Ausgehend vom Objekttyp **BUS1001** wird mit der Funktion *Anlegen* ein privater Objekttyp mit dem Namen **ZMATERIAL** definiert. Dabei beruht die Namensvergabe auf einer SAP-Konvention, nach der private Objekttypen mit dem Buchstaben **Y** oder **Z** beginnen müssen. Durch die hierarchische Einordnung im Objektrepository ist erkennbar, daß der neue Objekttyp als Subtyp des Materials angelegt wird und damit auch dessen Eigenschaften erbt. Private Objekttypen können durch berechtigte Entwickler beliebig geändert werden; dies bezieht sich nicht nur auf die Generierung neuer Eigenschaften, sondern auch auf vererbte Attribute, Methoden und Ereignisse, die sich durch die Funktion *Überdefinieren* auch verändern lassen.

Delegation

Um diese neu geschaffene Funktionalität des Objekttyps ZMATERIAL auch dem Objekttyp BUS1001 zur Verfügung zu stellen, wird der geänderte Objekttyp als Delegationstyp eingetragen. Damit wird bei jedem Zugriff auf den Objekttyp die Definitionen des Delegationstyps angesprochen. Nun steht als Grundgerüst der Objekttyp ZMATERIAL zur Erweiterung und Entwicklung von eigenen Methoden zur Verfügung.

Freigabekonzept

Bevor der Delegationstyp zur Laufzeit verwendet werden kann, muß er und seine Komponenten (Methoden, Ereignisse, Attribute) ein mehrstufiges Freigabeverfahren durchlaufen. Innerhalb dieser Freigabe werden vier Stati unterschieden:

- **Modellierte** Objekttypen bzw. Objekttyp-Komponenten sind zur Laufzeit nicht zugreifbar.
- **Implementierte** Objekttypen bzw. Objekttyp-Komponenten sind entweder in der Testphase oder werden nur intern genutzt. Sie sind zur Laufzeit ansprechbar und damit insbesondere "testbar". Die Implementierung ist möglicherweise noch nicht stabil.
- **Freigegebene** Objekttypen bzw. Objekttyp-Komponenten sind für die Verwendung freigegeben. Sie sind zur Laufzeit ansprechbar.
- **Obsolete** Objekttypen bzw. Objekttyp-Komponenten zeigen an, daß die Funktionalität ausläuft und durch eine andere, dazu inkompatible Funktionalität ersetzt wird.

Definition von Ereignissen

Dem Workflow-Ablauf folgend wird mit der Definition von eigenen Ereignissen fortgefahren. Ereignisse werden benötigt, um Zustandsänderungen an Objekten erkennen und damit nichtdeterministische Prozeßabläufe steuern zu können. Die Definition eines Ereignisses im Objektrepository stellt lediglich eine **Deklaration** dar und hat keine Funktionalität. Die eigentliche Erzeugung des Ereignisses muß durch andere Mechanismen sichergestellt werden. Die Definition im Objektrepository ist aber schlußendlich für die systemweite Publikation eines Ereignisses eines bestimmten Objekttyps verantwortlich. Im vorliegenden Fall wird ein Ereignis benötigt, das bei jeder Neuanlage eines Materialstamms ausgelöst wird. Dieses Ereignis soll dann die entsprechenden Workflows zur Materialstammpflege starten.

Erst innerhalb der einzelnen Workflows wird überprüft, um welche Materialart es sich bei dem betreffenden Material handelt. Beim Objekttyp BUS1001 existiert bereits ein passendes Ereignis (BUS1001.created), das unverändert übernommen werden kann.

Definition der Ereigniserzeugung

Die eigentliche Herausforderung stellt jedoch die tatsächliche Ereigniserzeugung dar, die i. d. R. aus einer SAP-Standardanwendung heraus zu einem ganz spezifisch definierten Zeitpunkt erfolgen soll. Hier ist primär zu prüfen, ob das gewünschte Ereignis über einen ausreichenden Schlüssel für die entsprechende Aufgabe verfügt. Weiterhin ist jeweils zu prüfen, mit welcher Methode das gewünschte Ereignis erzeugt werden kann, ohne den SAP Standard modifizieren zu müssen. Im schlechtesten Fall der Modifikation von Standardprogrammen wird das Ereignis durch den Aufruf des **Funktionsbausteins** SWE_EVENT_CREATE aus einem ABAP/4-Programm heraus durchgeführt. Eine bessere Möglichkeit stellt die Nutzung der **Nachrichtensteuerung** dar, die aus dem Informationsaustausch zwischen zwei Partnern eine gewünschte Nachricht filtern und als Ereignis weitergeben kann. Auch unter Verwendung der allgemeinen **Statusverwaltung** können Ereignisse durch reine Definitionen erzeugt werden. Hierbei wird der aktuelle Bearbeiterzustand eines Anwendungsobjektes in Form eines Status (System- oder Anwenderstatus) dokumentiert und jeder Statuswechsel kann als Ereignis verwertet werden.

Im Beispiel eignet sich zur Ereigniserzeugung am besten die **Änderungsbelegverwaltung**. Die Eingabe eines neuen Materialstammsatzes wird nämlich standardmäßig durch das Schreiben eines Änderungsbelegs (Änderungsbelegobjekt = MATERIAL) protokolliert. Die Ereigniserzeugung erfolgt über die Ankopplung an dieses Schreiben des Änderungsbelegs. Dazu sind Einträge in einer Steuerungstabelle vorzunehmen, die die Zuordnung zwischen Änderungsbelegobjekt und Ereignis betreffen und festlegen, bei welcher Aktion auf dem Anwendungsobjekt (Anlegen, Ändern, Löschen) das Ereignis erzeugt werden soll. Weiterhin kann die Ereigniserzeugung daraufhin eingeschränkt werden, ob der Änderungsbeleg bestimmte Felder oder Feldwerte enthält. Im praktischen Beispiel ist dem Änderungsbelegobjekt vom Typ MATERIAL beim Anlegen das Ereignis BUS1001.created zuzuordnen.

Ereigniskopplung

Wie im Abschnitt 3.2.2 erläutert, genügt die Definition des Ereigniserzeugers alleine nicht aus, vielmehr muß ein Ereignisverbraucher zugeordnet werden. Dies geschieht über die sog. Ereigniskopplung, d. h. über einen Eintrag in die Ereignisverbraucher-

Kopplungstabelle, die vom Ereignismanager zur Laufzeit ausgewertet wird. Der Eintrag kann entweder durch manuellen Eintrag in die Ereigniskopplungstabelle (Transaktion SWE2) oder durch Aktivierung eines auslösenden Ereignisses in einer Workflow-Aufgabe vorgenommen werden. Dadurch wird auch automatisch der betreffende Eintrag in die Tabelle geschrieben. In beiden Fällen muß das Workflow bereits existieren.

Definition von Attributen

Untersucht man den zu implementierenden Prozeß (siehe Abb. 4.8) nach benötigten Attributen im logischen Ablauf, tritt die *Materialart* als notwendiges Attribut zur Entscheidung der ersten Aktivität des Workflows in Erscheinung. Innerhalb des Objekttyps BUS1001 existiert bereits das entsprechende Attribut MaterialType, das hier unverändert übernommen werden kann. Es wird beim Anlegen der Objektinstanz zur Laufzeit mit dem aktuellen Inhalt des Datenbankfeldes MARA-MTART versorgt und steht damit innerhalb des Workflows frei zur Verfügung.

Abbildung 4.18: Definition eines Attributes

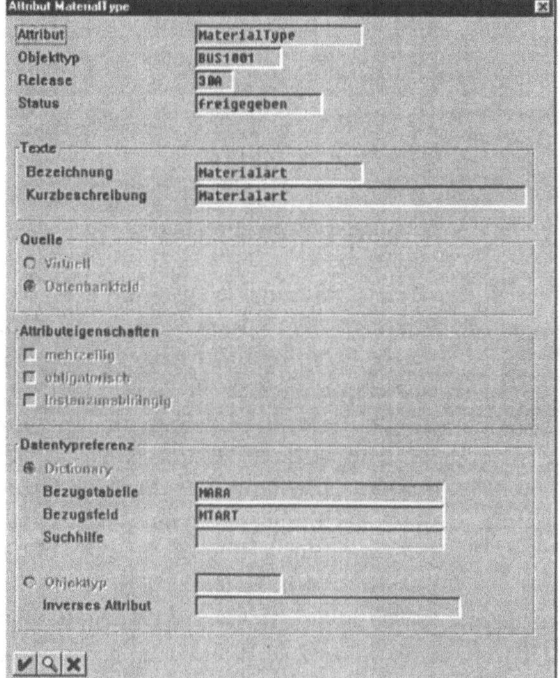

Definition von Methoden

Methoden eines Objekttyps repräsentieren die eigentlichen Geschäftsvorgänge bzw. die Abläufe, die ein Workflow-Schritt bzw. eine Einzelschrittaufgabe auszuführen hat. Betrachtet man die vorgegebene ePK, so kann daraus abgeleitet werden, daß quasi für jede Aktivität auch eine Methode mit spezifischer Funktionalität benötigt wird. Eine Ausnahme im Beispiel bildet die erste Aktivität (*Fertigmaterial ?*), die lediglich ein Attribut auf deren Inhalt überprüft und ein entsprechendes Folgeereignis generiert. Dies kann durch eine einfache Definition im Workflow-Editor abgedeckt werden. Es sind grundsätzlich zwei Arten von Methoden zu unterscheiden:

Synchrone Methode

Synchron aufgerufene Objektmethoden übernehmen für die Dauer ihrer Ausführung die Ablaufkontrolle und melden sich nach ihrer Ausführung beim Workitem-Manager (= Aufrufer der Methode) zurück. Sie können Rückgabeparameter, ein Ergebnis und Ausnahmen zurückgeben. Zur Laufzeit wird das entsprechende Workitem dadurch beendet, daß die synchrone Methode erfolgreich durchlaufen wurde. Synchrone Methoden werden in der Regel für Hintergrundmethoden oder Anzeige-Transaktionen verwendet.

Asynchrone Methode

Asynchron aufgerufene Objektmethoden melden sich nach ihrer Ausführung nicht unmittelbar beim Workitem-Manager zurück, vielmehr erfolgt die Rückmeldung über Ereignisse, mit denen die Bearbeitungsergebnisse der Methode mitgeteilt werden. Sie können kein Ergebnis, keine Parameter und keine Ausnahmen zurückliefern. Bei der Definition einer Einzelschrittaufgabe, in der eine asynchrone Methode ausgeführt werden soll, muß immer mindestens ein *beendendes Ereignis* vereinbart werden. Zur Laufzeit wird das entsprechende Workitem nur dann beendet, wenn eines der definierten, beendenden Ereignisse eintrifft. Asynchrone Methoden werden in der Regel verwendet, wenn mit dem Befehl CALL TRANSACTION eine Pflege-Transaktion im Dialog aufgerufen werden soll.

Für die Überprüfung der einzelnen Materialsegmente auf Existenz (Sicht gepflegt ?) und für das eigentliche Anlegen der Sichten (Sicht anlegen) werden entsprechende Methoden benötigt. Im Sinne einer hohen Wiederverwendbarkeit und Kapselung von Funktionalität ist es anzustreben, Methoden mit ähnlicher Funktionalität möglichst in einer Methode zusammenzuführen. Es sind somit zwei Methoden zu implementieren:

a) Methode CheckView

Diese Methode ermittelt, ob eine bestimmte Materialstammsicht bereits gepflegt ist. Als Übergabewerte werden der entsprechende Buchstabe des Pflegestatus (siehe Tabelle 4.1) und die Objektreferenz übergeben. Als Rückgabewert wird das ermittelte Ergebnis (*JA* = existiert bereits; *NEIN* = existiert noch nicht) zurückgegeben. Innerhalb eines Workflows kann dieser Rückgabewert dann mit einem Bedingungsschritt abgefragt und ein entsprechendes Folgeereignis generiert werden. Je nach Folgeereignis wird der Zweig für die betreffende Materialstammsicht durchlaufen oder nicht. Die Methode ist als synchrone Hintergrundmethode zu implementieren.

Im Object-Repository sind diese Informationen bereits bei der Anlage der Methode anzugeben.

Abbildung 4.19: Eigenschaften der Methode *CheckView*

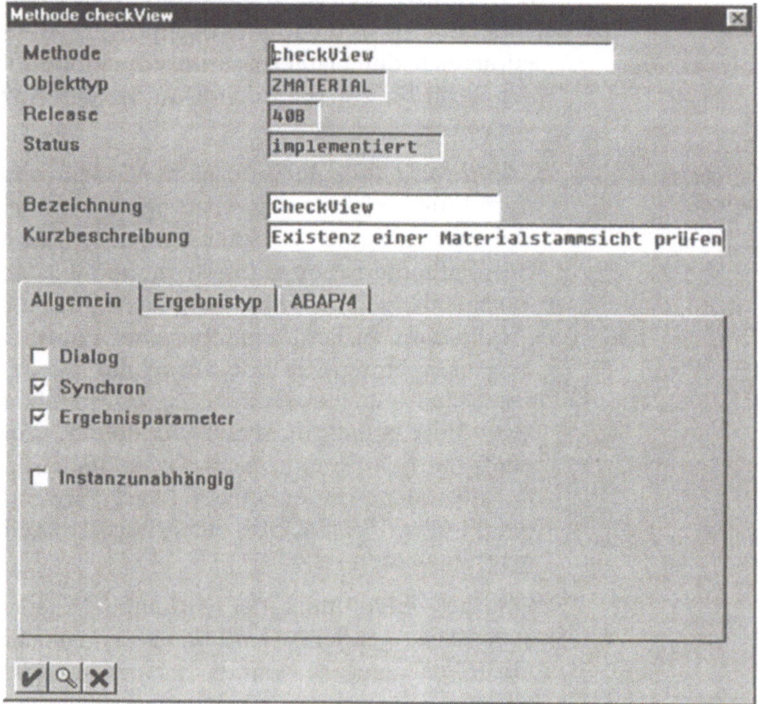

Durch das Kennzeichen *Synchron* wird wie oben beschrieben eine synchrone Objektmethode implementiert. Durch das Kennzeichen *Ergebnisparameter* wird ein internes Feld (Datentyp Character, Länge 255) mit dem Namen result definiert, das zur Rückgabe von Ergebniswerten verwendet werden kann.

Als Übergabeparameter ist ein Feld zu definieren, um der Methode den entsprechenden Pflegestatus zu übergeben. In Abhängigkeit dieses Kennzeichens soll die Existenz einer Materialstammsicht überprüft werden.

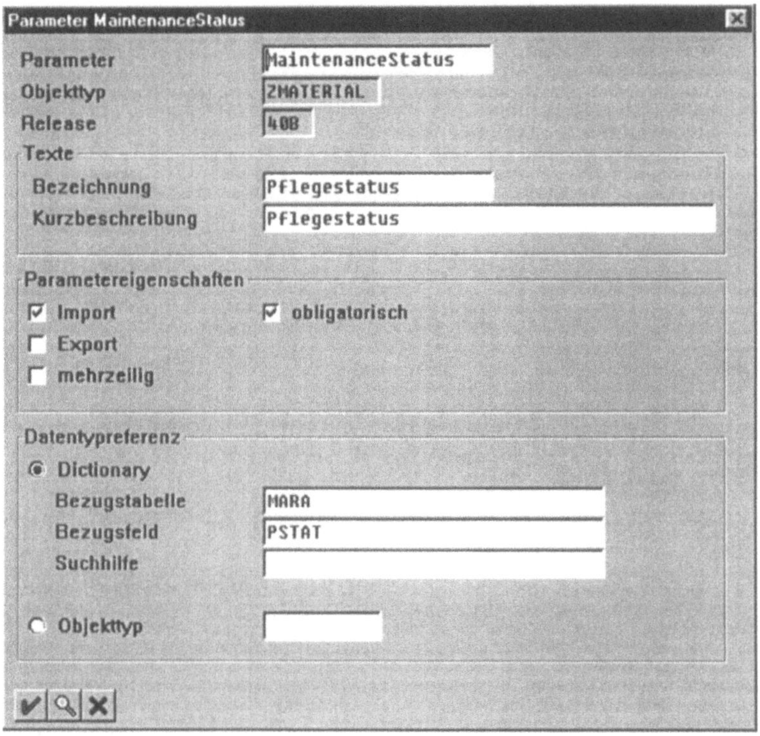

Abbildung 4.20: Eigenschaften des Übergabeparameters *Pflegestatus*

Parameter MaintenanceStatus

Parameter: MaintenanceStatus
Objekttyp: ZMATERIAL
Release: 40B

Texte
Bezeichnung: Pflegestatus
Kurzbeschreibung: Pflegestatus

Parametereigenschaften
[x] Import [x] obligatorisch
[ ] Export
[ ] mehrzeilig

Datentypreferenz
(•) Dictionary
Bezugstabelle: MARA
Bezugsfeld: PSTAT
Suchhilfe:
( ) Objekttyp

Der Übergabeparameter wird mit Bezug auf ein Data-Dictionaryfeld angelegt. Dies entspricht der ABAP/4-Anweisung **DATA: MaintenanceStatus like mara-pstat**. In diesem Feld ist der Pflegestatus des Materialstamms abgelegt. Der Parameter ist als obligatorischer Importparameter zu definieren, da die Methode ohne ein gültiges Pflegestatuskennzeichen nicht arbeiten kann. Die Rückgabe des Pflegestatus ist im weiteren Prozeßverlauf nicht erforderlich, insbesondere wird er innerhalb der Methode auch nicht verändert. Sobald diese grundlegenden Eigenschaften der Methode und der Übergabeparameter definiert sind, kann die eigentliche Implementierung in Form von ABAP/4-Anweisungen erfolgen. Über die Funktion *Programm* wird direkt in den ABAP/4-Editor verzweigt. Als Rahmengerüst werden die bislang angegebenen Informationen als ABAP/4-Quellcode generiert.

Damit steht ein Rahmengerüst zur Verfügung, das nun um die eigentliche Programmlogik zu erweitern ist. Die folgende Abbildung zeigt die lauffähige Methode:

Abbildung 4.21: Quellcode der Methode *CheckView*

```
*-----------------------------------------------------*
* Methode CheckView                                   *
*-----------------------------------------------------*
BEGIN_METHOD CHECKVIEW CHANGING CONTAINER.
tables: mara.
data:   maintenancestatus like mara-pstat,
        checkview(255).

swc_get_element container 'MaintenanceStatus'
                          maintenancestatus.
select single * from  mara
              where matnr eq object-key-material.

if mara-pstat cs maintenancestatus.
   checkview = 'JA'.
else.
   checkview = 'NEIN'.
endif.
swc_set_element container result checkview.
END_METHOD.
*-----------------------------------------------------*
```

TABLES

Zunächst wird die Tabelle MARA deklariert, die die werksunabhängigen Daten eines Materialstamms enthält. In dieser Tabelle befindet sich das Feld PSTAT, in dem festgehalten ist, welche Materialstammsichten bereits gepflegt wurden. Es handelt sich um ein 15-stelliges Character-Feld, in das nach erfolgter Sichtenanlage die einzelnen Pflegestatuskennzeichen (siehe Tabelle 4.1) nacheinander eingetragen werden. Der Eintrag KDBEVP sagt beispielsweise aus, daß die Sichten Grunddaten (K), Disposition (D), Buchhaltung (B), Einkauf (E), Vertrieb (V) und Prognose (P) bereits angelegt sind.

DATA

Zur Verwendung in der Programmlogik wurden automatisch zwei Variablen definiert. Die Variable maintenancestatus ist zur Übernahme des Pflegestatus, die Variable checkview zur Steuerung des Rückgabewertes vorgesehen.

SWC_GET_ELEMENT

Im Programmablauf wird zunächst mit Hilfe einer Makroanweisung der Inhalt des Methodenparametercontainers in lokale Variablen übertragen. Im Beispiel handelt es sich lediglich um das Feld, in dem der Pflegestatus enthalten ist.

SELECT

Nun kann in der Tabelle MARA das aktuelle Material selektiert werden. Als Selektionskriterium ist hierbei die Materialnummer der aktuellen Objektinstanz anzugeben. Die Materialnummer ist aber auch der Schlüssel des aktuellen Objekttyps ZMATERIAL. Schlüsselfelder stehen innerhalb von Methoden immer unter dem Namen OBJECT-KEY-<Name des Schlüsselfeldes in der Objektdefinition> zur Verfügung. Somit kann die Datenbankselektion recht einfach durch die oben abgebildete Anweisung durchgeführt werden.

IF ... ELSE

Jetzt kann überprüft werden, ob das übergebene Pflegestatuskennzeichen, das sich in der Variablen maintenancestatus befindet, im Datenbankfeld MARA-PSTAT enthalten ist. Als Operator wird hier CS (contains string) verwendet, der überprüft, ob in der ersten Zeichenfolge die zweite Zeichenfolge enthalten ist. Je nach Ergebnis wird die Variable für den Rückgabewert mit dem entsprechenden Ergebnis gesetzt.

SWC_SET_ELEMENT

Schließlich wird wiederum mit Hilfe einer Makroanweisung der Ergebnisparametercontainer versorgt. Der Inhalt der Variablen checkview wird in den internen Ergebnisparameter result übertragen.

Methode testen

Die Funktionalität der Methode kann anschließend getestet werden. Dies ist direkt aus dem Object-Repository heraus möglich oder über eine entsprechende Transaktion. Vor dem Test muß der Objekttyp zunächst generiert werden. Beim Test ist jeweils eine Objektausprägung, im Beispiel also eine existierende Materialnummer, als Schlüssel anzugeben. Weiterhin ist ein gültiges Pflegestatuskennzeichen als Übergabeparameter anzugeben. Nach der Ausführung der Methode wird ein Ergebnis zurückgegeben. Der Methodenparametercontainer kann direkt eingesehen werden. Die Methoden können außerdem im Debugging-Modus getestet werden.

Hinweis

Methodenstatus

Die Methode kann erst getestet werden, wenn sie mindestens in den Status *Implementiert* versetzt wurde. Wurde noch kein Status gesetzt, so liefert selbst die Syntaxprüfung bei der Methodenimplementierung unerklärliche Fehler. Dies liegt daran, daß die Methode erst ab dem Status *Implementiert* für das Laufzeitsystem verfügbar gemacht wird.

b) Methode CreateView

Diese Methode enthält die Aktion, die auszuführen ist, wenn ein Sachbearbeiter eine Materialstammsicht aus seinem Postkorb heraus anlegen möchte. Im Dialog mit dem Anwender soll also die Transaktion MM01 (Anlegen Materialstamm) aufgerufen, die jeweilige Sicht ausgewählt und direkt in die Pflegetransaktion gesprungen werden. Hier kann der Anwender seine Aktionen durchführen und die neue Materialstammsicht nach erfolgter Eingabe sichern. Danach wird wieder in den Posteingangskorb zurückgekehrt. Der Methode ist der entsprechende Pflegestatus (siehe Tabelle 4.1) zu übergeben. Sie ist als asynchrone Dialogmethode zu implementieren.

Das Anlegen von Methode und Parametern verläuft analog der Methode CheckView. Als Erleichterung kann beim Anlegen der Methode im Bereich *ABAP/4* ausgewählt werden, welche Art von Programm die Methode aufnehmen soll. Wird hier *Transaktion* verwendet, so werden bei der Code-Generierung entsprechende ABAP/4-Anweisungen zum Aufruf einer Transaktion aufgenommen, die nur noch um spezifische Details zu erweitern sind.

Batch-Input-Verfahren

Beim Aufruf der Transaktion MM01 zum Anlegen einer Materialstammsicht erscheint zunächst ein Einstiegsbild, bei dem die anzulegende Materialnummer und die Materialart anzugeben sind. Der durch das Workflow aufzurufende Dialog soll diese Daten ohne Benutzeraktivität bereits enthalten und das Einstiegsbild gar nicht anzeigen. Aus der Methode heraus sind somit Felder mit Daten zu füllen. Eine Programmiertechnik zur Steuerung solcher Abläufe ist das Batch-Input-Verfahren. Hierbei wird eine interne Tabelle der Struktur BDCDATA mit den entsprechenden Programm- und Dynpronamen gefüllt. Je Feld, das in einem Dynpro zu füllen ist, wird ein Satz in diese Tabelle geschrieben, der den Feldnamen (FNAM) und die einzutragenden Daten (FVAL) oder einen Operationscode (z. B. /8 = Taste F8) enthält. Schließlich wird die interne Tabelle dem Funktionsaufruf CALL TRANSACTION als Parameter übergeben. Dieses Verfahren wird angewendet, wenn durch die Methode mehr als ein Dynpro zu durchlaufen ist, bis die Benutzeraktivität eintritt. Es wird auch von den in Kapitel 3.3.4 angesprochenen CATT-Abläufen angewandt. Die folgende Abbildung zeigt die Implementierung der Methode createViewD (Dispositionssicht anlegen) mit dem Batch-Input-Verfahren:

Abbildung 4.22: Quellcode der Methode *CreateViewD*

```
*-------------------------------------------------------*
* Methode CreateViewD (Batch-Input-Verfahren)            *
*-------------------------------------------------------*
BEGIN_METHOD CREATEVIEW CHANGING CONTAINER.
DATA: BEGIN OF BDCTAB OCCURS 10.
      INCLUDE STRUCTURE BDCDATA.
DATA: END OF BDCTAB.

REFRESH BDCTAB. CLEAR BDCTAB.
*-Dynpro 0060: Einstiegsbild----------------
  BDCTAB-PROGRAM  = 'SAPLMGMM'.
  BDCTAB-DYNPRO   = '0060'.
  BDCTAB-DYNBEGIN = 'X'.
  APPEND BDCTAB.  CLEAR BDCTAB.
  BDCTAB-FNAM     = 'RMMG1-MATNR'.
  BDCTAB-FVAL     = OBJECT-KEY-MATERIAL.
  APPEND BDCTAB.  CLEAR BDCTAB.
  BDCTAB-FNAM     = 'BDC_OKCODE'.
  BDCTAB-FVAL     = '/00'.
  APPEND BDCTAB.  CLEAR BDCTAB.
*-Dynpro 0070: Sichtenauswahl---------------
  BDCTAB-PROGRAM  = 'SAPLMGMM'.
  BDCTAB-DYNPRO   = '0070'.
  BDCTAB-DYNBEGIN = 'X'.
  APPEND BDCTAB.  CLEAR BDCTAB.
  BDCTAB-FNAM     = 'MSICHTAUSW-KZSEL(09)'.
  BDCTAB-FVAL     = 'X'.
  APPEND BDCTAB.  CLEAR BDCTAB.
  BDCTAB-FNAM     = 'BDC_OKCODE'.
  BDCTAB-FVAL     = 'ENTR'.
  APPEND BDCTAB.  CLEAR BDCTAB.
*-Dynpro 0080: Organisationsebenen ---------
  BDCTAB-PROGRAM  = 'SAPLMGMM'.
  BDCTAB-DYNPRO   = '0080'.
  BDCTAB-DYNBEGIN = 'X'.
  APPEND BDCTAB.  CLEAR BDCTAB.
  BDCTAB-FNAM     = 'RMMG1-WERKS'.
  BDCTAB-FVAL     = '0001'.
  APPEND BDCTAB.  CLEAR BDCTAB.
  BDCTAB-FNAM     = 'BDC_OKCODE'.
  BDCTAB-FVAL     = 'ENTR'.
  APPEND BDCTAB.  CLEAR BDCTAB.
  CALL TRANSACTION 'MM01' USING BDCTAB MODE 'E'.
END_METHOD.
*-----------------------------------------------------*
```

Zum Vergleich sei hier noch das Ergebnis einer CATT-Aufzeichnung abgebildet, aus der ersichtlich ist, daß der Inhalt des CATT-Ablaufs dem Programm in Abbildung 4.22 exakt entspricht. Dieser CATT-Ablauf könnte innerhalb einer Workflow-Aufgabe auch direkt mit seinem Namen ZMM01 aufgerufen werden. Die eigentliche Implementierung einer Methode ist in diesem Fall nicht erforderlich.

Abbildung 4.23: CATT-Ablauf zur Methode *CreateViewD*

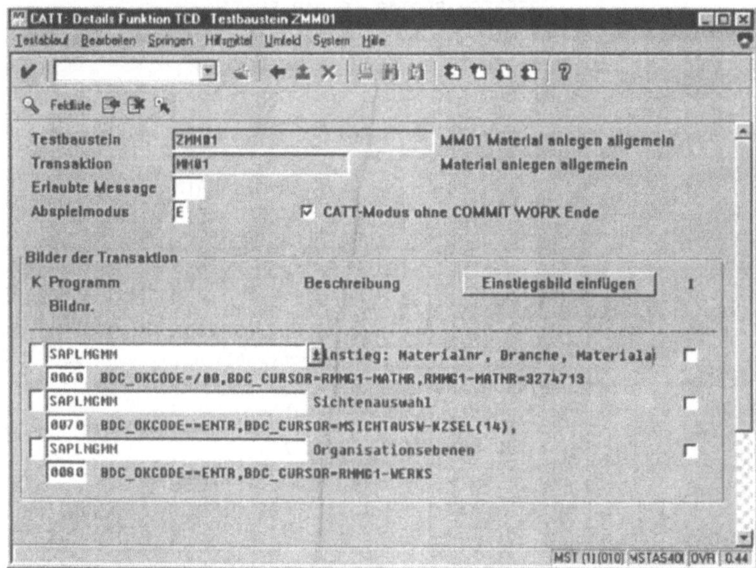

SAP-Memory-Verfahren

Eine weitere Möglichkeit, Selektionsfelder mit Vorschlagswerten zu versorgen, besteht in der Nutzung des SAP-Memories. Bekannt ist dieses Verfahren auch unter dem Begriff *Benutzerparameter*. Unter einer entsprechenden Parameter-ID, die jeweils einem Datenbankfeld zugeordnet ist, können benutzerspezifische Werte vorbelegt werden, die dann im Memory gespeichert werden. Bei allen Transaktionsaufrufen werden dann die entsprechenden Felder automatisch mit den Vorschlagswerten gefüllt. Eine Übersicht über die vorhandenen Parameter-IDs kann mit Hilfe der ABAP/4-Workbench ermittelt werden. Außerdem kann die Existenz einer Parameter-ID für ein benötigtes Eingabefeld aus Anwendungssicht innerhalb der Feldhilfe → Technische Info abgefragt werden. Die folgende Abbildung zeigt die Parameter-ID MAT für die Materialnummer im Einstiegsbild der Transaktion MM01:

Abbildung 4.24: Technische Info der Materialnummer

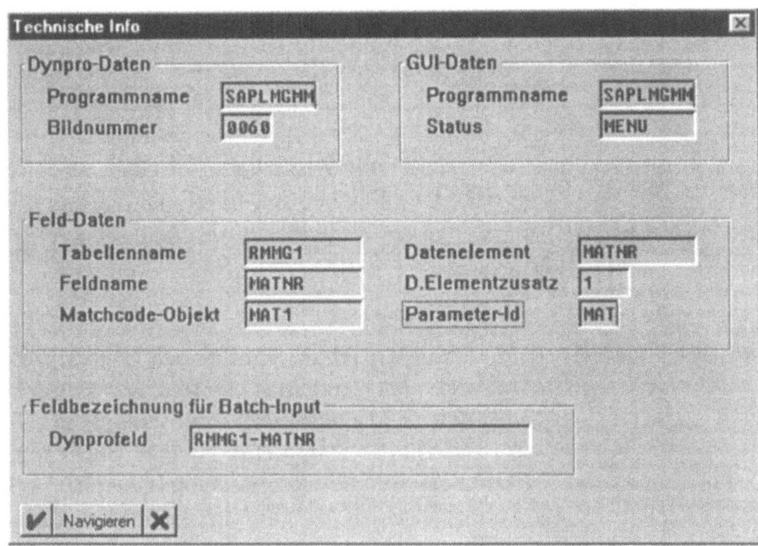

Die Implementierung der Methode **CreateView** im SAP-Memory-Verfahren zeigt die folgende Abbildung. Eine ausführliche Beschreibung der Programmzeilen folgt im Anschluß daran.

Abbildung 4.25: Quellcode der Methode *CreateView*

```
*-------------------------------------------------------*
* Methode CreateView (SAP-Memory-Verfahren)             *
*-------------------------------------------------------*
BEGIN_METHOD CREATEVIEW CHANGING CONTAINER.
data: maintenancestatus like mara-pstat,
      materialart like mara-mtart.

swc_get_element container 'MaintenanceStatus'
                           maintenancestatus.
swc_get_property self 'MaterialType' materialart.

set parameter id 'MAT' field object-key-material.
set parameter id 'MTA' field materialart.
set parameter id 'MXX' field maintenancestatus.
set parameter id 'WRK' field '0001'.     "Werk
set parameter id 'VKO' field '0001'.     "Verkaufsorg.
set parameter id 'VTW' field '01'.       "Vertriebsweg
set parameter id 'MM5' field ' '.        "kein Org-Popup

call transaction 'MM01' and skip first screen.
END_METHOD.
*-------------------------------------------------------*
```

DATA — Zur Verwendung innerhalb der Programmlogik der Methode wurde der Pflegestatus wieder automatisch als lokale Variable definiert. Zusätzlich wird beim Anlegen einer Materialstammsicht im Selektionsbild noch die Materialart benötigt. Zu diesem Zweck wird eine zusätzliche Variable deklariert, die der Definition der Materialart in der Tabelle MARA entspricht.

SWC_GET_ELEMENT — Wiederum wird zunächst mit Hilfe einer Makroanweisung der Inhalt des Methodenparametercontainers in die lokale Variable übertragen.

SWC_GET_PROPERTY — Die Materialart ist als Attribut des Objekttyps definiert und somit ebenfalls im Container verfügbar. Zum Lesen von Objektattributen wird auch eine Makroanweisung zu Hilfe genommen. Als zusätzlicher Parameter ist hier SELF anzugeben, damit sich das Makro auf die aktuelle Objektinstanz bezieht. Der Inhalt des Attributs MaterialType wird in die lokale Variable materialart übertragen.

SET PARAMETER — Programmtechnisch wird die Parameter-ID über die Anweisung SET PARAMETER ID gefüllt. Da die Methode des Beispiels für alle Sichten gelten soll, müssen noch weitere Parameter-Ids gesetzt werden. Der Parameter-ID MXX kann die zu pflegende Sicht, d. h. das Pflegestatuskennzeichen zuweisen. Für werksabhängige Sichten (Buchhaltung, Lager etc.) ist das Werk vorzubelegen. Die Vertriebssichten benötigen die Angabe einer Verkaufsorganisation und eines Vertriebswegs. Diese drei Werte werden im Beispielfall mit Konstanten belegt, da davon ausgegangen wird, daß jeweils nur eine dieser Organisationsebenen im Unternehmen existiert. Schließlich wird noch die Parameter-ID MM5 gesetzt, um das normalerweise erscheinende Organisationsebenen-Popup zu unterdrücken.

CALL TRANSACTION — Den Abschluß bildet der eigentliche Transaktionsaufruf. Mit dem Parameter AND SKIP FIRST SCREEN wird erreicht, daß das Selektionsbild nicht angezeigt wird, sofern alle Mußfelder mit gültigen Werten gefüllt sind.

Diese Methode stellt somit ein recht kompaktes und einfach zu implementierendes Verfahren dar. Darüber hinaus kann dieselbe Methode für die Anlage sämtlicher Sichten verwendet werden, wogegen beim Batch-Input-Verfahren pro Sicht ein eigener CATT-Ablauf benötigt wird.

4.4.4 Definition der Aufgaben

Menüpfad: Werkzeuge → Business Workflow → Entwicklung → Aufgaben
Transaktion: PFTC

Eine Aufgabe ist definiert als Zielvorgabe für menschliches Handeln und kann in Teilaufgaben zerlegt werden. Dies ist Ziel der Aufgabenanalyse. Sie gibt eine Reihe von Gliederungskriterien vor, die zur Zerlegung der betrieblichen Gesamtaufgabe dienen. Die Zerlegung wird demnach u. a. durchgeführt nach

Gliederungskriterien

- dem Objekt, an dem die Verrichtung durchgeführt wird (Aufgabenobjekt);
- der zur Durchführung notwendigen Mittel;
- der Verrichtung der Aufgabe;
- dem Aufgabenträger, welcher die Aufgabe durchführt;
- dem Rang der Aufgabe, differenziert nach Leitung und Durchführung.

Auch im Workflow-System sind die Aufgaben organisatorisch betrachtet das zentrale Element. Entsprechend den oben gemachten Feststellungen sind bei der Definition einer Einzelschrittaufgabe mindestens folgende Angaben zu machen:

- der Objekttyp, auf den die Aufgabe operieren soll;
- die Daten, die man zur Durchführung benötigt, werden aus dem Objekttyp entnommen *(optional)*;
- die Objektmethode, die durch die Aufgabe abgearbeitet werden soll;
- die zuständige Organisationseinheit, Stelle, Planstelle oder direkt der zuständige Sachbearbeiter;
- Terminierungsdaten, die festlegen, bis wann die Aufgabe abgearbeitet sein muß. Mit diesen Terminierungsdaten wird der Eskalationsmechanismus aktiviert, der bei einer Terminüberschreitung aus der Aufbauorganisation den Vorgesetzten des Mitarbeiters ausfindig macht und diesem eine Mitteilung über die Terminüberschreitung in den Posteingang stellt.

Der eigentliche Zweck der Definition einer Einzelschrittaufgabe besteht somit darin, die Aufbauorganisation (Zuständigkeiten) mit der Ablauforganisation (Objektmethoden) in Verbindung zu bringen. Am prozeßorientierten Ablauf des Gesamtvorgangs wird an dieser Stelle noch nicht gearbeitet.

Im Beispielfall müssen mehrere Einzelschrittaufgaben definiert werden. Zum einen muß für die Hintergrundmethode CheckView eine Aufgabe angelegt werden, die für alle Workflows aller Materialarten gleich verwendet werden kann. Außerdem werden für die Dialogmethode CreateView mehrere Einzelschrittaufgaben benötigt. Sie unterscheiden sich einerseits durch unterschiedliche Texte, die im Posteingangskorb in Abhängigkeit von der zu pflegenden Sicht erscheinen sollen und andererseits durch die Zuständigkeiten. Die Tabelle gibt eine Übersicht über die anzulegenden Einzelschrittaufgaben und die wichtigsten Detailangaben:

Tabelle 4.3: Übersicht der Einzelschrittaufgaben

Aufgabe	Beschreibung	Methode	Zuständigkeit
CreateA	Arbeitsvorbereitungssicht pflegen	CreateView	Abt. AV
CreateB	Buchhaltungssicht pflegen	CreateView	Abt. Finanzen
CreateC	Klassifizierungssicht pflegen	CreateView	Abt. Entwicklung
CreateD	Dispositionssicht pflegen	CreateView	Abt. AV
CreateE	Einkaufssicht pflegen	CreateView	Abt. Einkauf
CreateG	Kalkulationssicht pflegen	CreateView	Abt. Finanzen
CreateL	Lagersicht pflegen	CreateView	Abt. Lager
CreateQ	Qualitätsmanagementsicht pflegen	CreateView	Abt. QM
CreateV	Vertriebssicht pflegen	CreateView	Abt. Vertrieb
CheckView	Existenz der Materialstammsicht prüfen	CheckView	*Hintergrundaufgabe*

Grunddaten

Bei der Definition der Einzelschrittaufgaben werden zunächst Grunddaten gepflegt, die primär die Angabe der Objektmethode und einige grundlegenden Eigenschaften betreffen. So ist eine Eigenschaft der Aufgabe CheckView, daß es sich um eine *Hintergrundverarbeitung* handelt. Außerdem wird die Aufgabe einer Anwendungskomponenten zugeordnet, um sie später über einen hierarchischen Suchbaum komfortabel wiederzufinden.

Auch können mit dieser Zuordnung alle zusammengehörenden Aufgaben in der gleichen hierarchischen Ebene gesammelt werden.

Workitemtext und Langtext

Der *Workitemtext* ist der Text, der dem zuständigen Sachbearbeiter im integrierten Postkorb angezeigt wird. Wird hier nichts angegeben, so erscheint die Bezeichnung der Einzelschrittaufgabe. Der *Langtext* erscheint, wenn der Benutzer das Workitem im Posteingangskorb doppelklickt. Zur Erfassung und zur Anzeige steht ein Editor zur Verfügung, d. h. die hier formulierbaren Texte können beliebig lang sein, es können Textbausteine integriert werden usw. Auch ist der Langtext in unterschiedlichen Sprachen definierbar. Um möglichst aussagekräftige Workitem- und Langtexte zu definieren, werden in der Regel Laufzeitdaten ausgegeben. Im Beispiel ist es sinnvoll, die Materialnummer oder den Materialkurztext auszugeben. Diese Informationen sind im Workitem-Container enthalten und können als Variablen in die Texte einfließen.

Abbildung 4.26: Inhalt eines Workitem-Containers

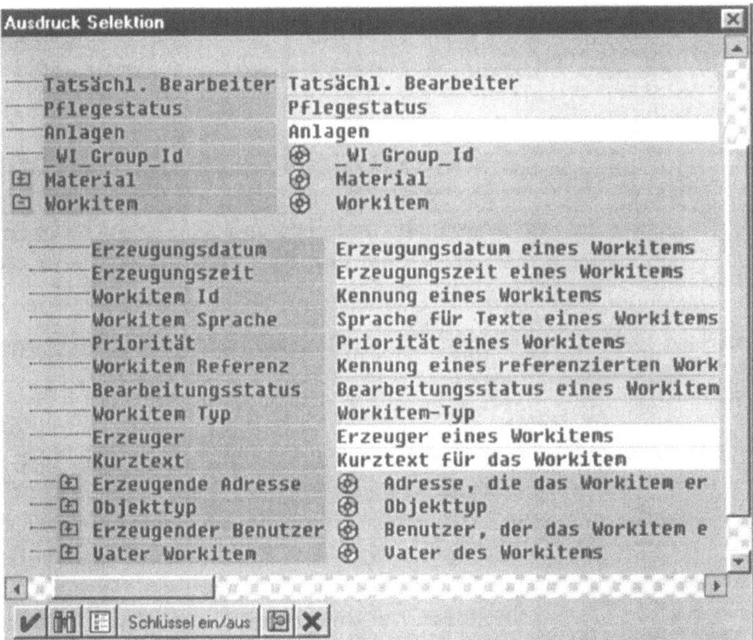

Neben der Objektreferenz (Containerelement **Material** in Abbildung 4.26), die alle Attribute des Objekttyps verfügbar macht, sind hier auch sehr interessante Daten zum Workitem selbst abrufbar, wie beispielsweise das übergeordnete Workitem oder der Erzeuger des Workitems.

Bearbeiterzuordnung

Bei der Pflege der Bearbeiterzuordnung wird in der Regel eine Organisationseinheit oder eine Planstelle angegeben. Mit der Zuordnung an dieser Stelle kann zur Laufzeit noch kein zuständiger Sachbearbeiter ermittelt werden. Hier handelt es sich lediglich um die Angabe, welche organisatorischen Einheiten zu dem Kreis der autorisierten Benutzer für diese Aufgabe gehören. Insofern ist zur Laufzeit auch zwischen *möglichen* und *tatsächlichen* Sachbearbeitern zu unterscheiden. So kann durchaus die Konstellation eintreten, daß durch eine Rollenauflösung ein Sachbearbeiter ermittelt wird, der nicht zu den in Frage kommenden Sachbearbeitern gehört, und dem die Aufgabe auch nicht zugeordnet werden kann.

Beendendes Ereignis

Die Einzelschrittaufgabe CreateB referenziert auf eine asynchrone Objektmethode, da eine Pflegetransaktion im Dialog aufgerufen wird. Asynchrone Methoden werden ausschließlich durch publizierte Ereignisse beendet. Aus diesem Grund ist bei dieser Aufgabe zwingend die Angabe eines beendenden Ereignisses notwendig. Beim Objekttyp BUS1001 existiert bereits im Standard das Ereignis ViewCreated. Dieses Ereignis wird immer bei der Neuanlage eines Materialstammsegmentes ausgelöst. Die Ereigniserzeugung ist im Verbucherbaustein des SAP-Standardprogramms fest hinterlegt und muß nicht aktiviert werden. Für das Beispiel ist der bereits vorhandene Ereignisparameter Pflegestatus von Interesse, aufgrund dessen unterschieden werden kann, welche Materialstammsicht angelegt wurde. Dieses Ereignis eignet sich somit, die entsprechenden Einzelschrittaufgaben nach erfolgreicher Anlage einer Materialstammsicht zu beenden.

Abbildung 4.27: Beendendes Ereignis definieren

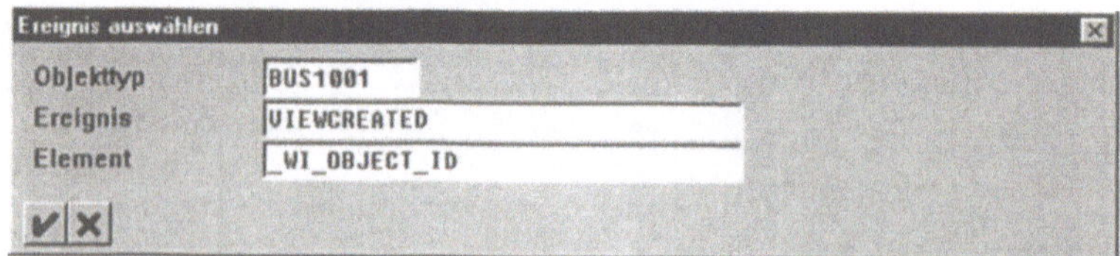

Beim Eintreten des Ereignisses überprüft der Ereignismanager alle Workitems, die auf ein beendendes Ereignis warten. Der Objekttyp, der Ereignisname und der Objektschlüssel (Element) werden abgeglichen. Danach wird, soweit definiert, eine sog. Check-Funktion durchlaufen, bevor ein Ereignisverbraucher ermittelt wird. Endet die Check-Funktion mit einer Ausnahme, erfolgt keine Verbraucherzuordnung. Diese Funktionalität eignet sich somit hervorragend, um zusätzliche Ereignisparameter abzugleichen, bevor ein Workitem durch ein Ereignis beendet wird.

Die Check-Funktion muß als Funktionsbaustein angelegt werden. Anschließend wird dieser Funktionsbaustein in der Ereigniskopplungstabelle als Check-Funktion eingetragen.

Abbildung 4.28: Ereignisverbraucherkopplung mit Check-Funktion

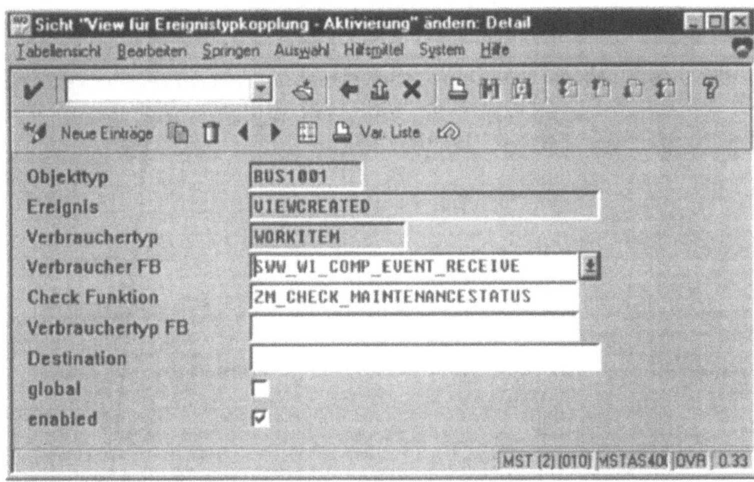

Der folgende Quellcode zeigt die Programmlogik der Check-Funktion mit den wesentlichen Erläuterungen des Ablaufs.

Abbildung 4.29: Check-Funktion

```
*---------------------------------------------------------------*
* FUNCTION ZM_CHECK_MAINTENANCESTATUS                           *
*---------------------------------------------------------------*
*Lokale Schnittstelle:                                          *
*       IMPORTING                                               *
*             VALUE(EVENT)    LIKE SWETYPECOU-EVENT             *
*             VALUE(RECTYPE)  LIKE SWETYPECOU-RECTYPE           *
*             VALUE(OBJTYPE)  LIKE SWETYPECOU-OBJTYPE           *
*             VALUE(OBJKEY)   LIKE SWEINSTCOU-OBJKEY            *
*       TABLES                                                  *
*              EVENT_CONTAINER STRUCTURE  SWCONT                *
*       EXCEPTIONS                                              *
*              CONTAINER_ERROR                                  *
*              MAINTENANCESTATUS_DIFFERENT                      *
*---------------------------------------------------------------*
INCLUDE <CNTAIN>.
INCLUDE RSWEINCL.
DATA: WI_ID LIKE SWWWIHEAD-WI_ID.        "Workitem-Tabelle
DATA: BEGIN OF WI_CONTAINER OCCURS 0.  "Workitem-Container
         INCLUDE STRUCTURE SWCONT.
DATA  END OF WI_CONTAINER.
DATA: WI_MAINTENANCESTATUS  LIKE MARA-PSTAT,
      EVT_MAINTENANCESTATUS LIKE MARA-PSTAT.
```

```
* Workitem-ID des potentiellen Verbrauchers einlesen
SWC_GET_ELEMENT EVENT_CONTAINER EVT_RECEIVER_ID WI_ID.
IF SY-SUBRC NE 0.
   RAISE CONTAINER_ERROR.
ENDIF.

* Workitem-Container des potentiellen Verbrauchers einlesen
CALL FUNCTION 'SWW_WI_CONTAINER_READ'
     EXPORTING
          WI_ID                     = WI_ID
     TABLES
          WI_CONTAINER              = WI_CONTAINER
     EXCEPTIONS
          CONTAINER_DOES_NOT_EXIST = 01.
IF SY-SUBRC NE 0.
   RAISE CONTAINER_ERROR.
ENDIF.

* Element Pflegestatus aus dem Workitem-Container entnehmen
SWC_GET_ELEMENT WI_CONTAINER 'MAINTENANCESTATUS'
                               WI_MAINTENANCESTATUS.
IF SY-SUBRC NE 0.
   RAISE CONTAINER_ERROR.
ENDIF.

* Element Pflegestatus aus dem Ereignis-Container entnehmen
SWC_GET_ELEMENT EVENT_CONTAINER 'MAINTENANCESTATUS'
                                  EVT_MAINTENANCESTATUS.
IF SY-SUBRC NE 0.
   RAISE CONTAINER_ERROR.
ENDIF.

* Abgleich der beiden Pflegestati
IF WI_MAINTENANCESTATUS NE EVT_MAINTENANCESTATUS.
   RAISE MAINTENANCESTATUS_DIFFERENT.
ENDIF.

ENDFUNCTION.
*-----------------------------------------------------------*
```

Nach erfolgter Aufgabendefinition können die restlichen noch benötigten Einzelschrittaufgaben aus dieser Definition kopiert werden. Es sind dann lediglich die Workitem- und Langtexte und die Bearbeiterzuordnung anzupassen. Die restlichen Angaben können unverändert übernommen werden.

4.4.5 Definition der Workflows

Menüpfad: Werkzeuge → Business Workflow → Entwicklung → Aufgaben
Transaktion: PFTC

Ziel der Gestaltung der Ablauforganisation eines Unternehmens ist die effiziente Aneinanderreihung von Elementaraufgaben zu lückenlosen Arbeitsgängen, sog. **Prozessen**. Zur Anordnung der Aufgaben werden die Kriterien „Aufgabenobjekt", „Verrichtung", „aufbauorganisatorische Zuordnung" sowie „zeitliche und räumliche Aspekte" herangezogen, welche in der Aufgabenanalyse ermittelt wurden. Diese und darüber hinausgehende Kriterien werden durch das SAP Workflow-System abgedeckt.

Workflow-Modellierung

Die Definition des betriebswirtschaftlichen Ablaufs eines Workflows erfolgt auf grafischem Wege mit Hilfe des *grafischen SAP-Editors*. Das Workflow wird als ereignisgesteuerte Prozeßkette modelliert, was u. U. die Umsetzung eines GP-Modells in ein Workflow-Modell bedingt. Im Gegensatz zu Workflow-Modellen, die insbesondere der Steuerung, Kontrolle und Unterstützung der Prozeßdurchführung dienen, ist das Sachziel von GP-Modellen vornehmlich die Analyse, Planung und Gestaltung betrieblicher Prozesse. Die beiden Modelle sind somit in den wenigsten Fällen deckungsgleich. Im Beispielfall wird vom Modell aus Abbildung 4.8 ausgegangen, das bereits in Form einer ePK vorliegt. Daraus kann das endgültige Workflow-Modell abgeleitet werden.

Tabelle 4.4: Übersicht der Workflow-Aufgaben

Workflow	Beschreibung	Anzahl paralleler Zweige
MatROH	Materialstammpflege Rohstoffe	6
MatHALB	Materialstammpflege Halbfabrikate	8
MatFERT	Materialstammpflege Fertigerzeugnisse	6
MatHAWA	Materialstammpflege Handelswaren	6
MatHIBE	Materialstammpflege Hilfs- und Betriebsstoffe	4
MatERSA	Materialstammpflege Ersatzteile	7
MatNLAG	Materialstammpflege Nichtlagermaterialien	2

Es wird für jede Materialart ein separater Ablauf benötigt. Diese unterschiedlichen Prozesse differieren primär in der Anzahl der zu pflegenden Sichten. Jede Materialstammsicht wird im Workflow als ein paralleler Zweig abgebildet. Die obige Tabelle zeigt die erforderlichen Workflows und die erforderlichen parallelen Zweige, von denen lediglich der Ablauf für Fertigmaterialien weiter erläutert wird.

Die restlichen Workflows können wiederum wie bei Einzelschrittaufgaben aus der ersten Definition kopiert und den betreffenden Gegebenheiten angepaßt werden.

Datenflußdefinition

Die Informationen, die zur korrekten Abarbeitung des Workflows benötigt werden, müssen in Form von Container- und Datenflußdefinitionen festgelegt werden. Ausgehend von der auslösenden Transaktion müssen zur Steuerung des Workflows und zur Datenübergabe an die Zieltransaktion mindestens die aktuelle Objektreferenz mit dem Schlüsselfeld *Materialnummer* und allen dazugehörenden Attributen verfügbar gemacht werden. Werden die einzelnen Containerdefinitionen konsistent durchgeführt, schlägt das Workflow-System vollautomatisch durchaus vernünftige Datenflußdefinitionen vor. Diese können nachträglich ergänzt, verändert oder gelöscht werden. An dieser Stelle soll zunächst erläutert werden, welche Datenflüsse in welcher Art und Weise festzulegen sind. Die eigentliche Durchführung der Datenflußdefinition erfolgt während der Implementierung der einzelnen Workflow-Schritte und wird in den entsprechenden Abschnitten erläutert.

Abbildung 4.30: Datenfluß bei der Materialstammpflege

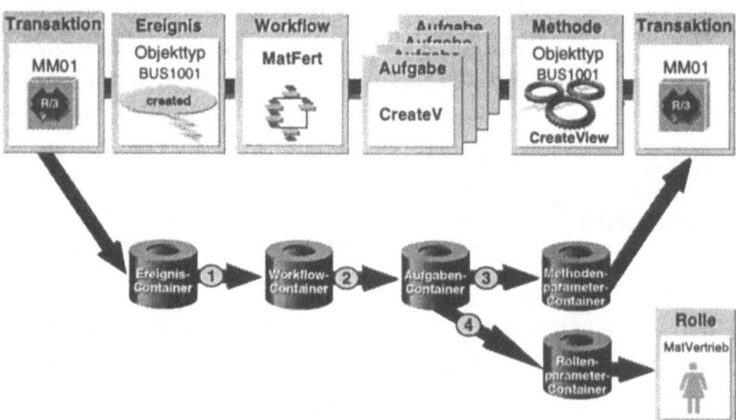

Containerdefinition

Zur Aufnahme der Laufzeitinformationen wird zunächst in jedem betroffenen Container (Ereignis-, Workflow-, Aufgaben-, Methoden- und Rollenparametercontainer) eine Referenz auf die gesamte Struktur des Objekttyps BUS1001 angelegt. Darin sind alle Schlüsselfelder und Attribute des Objekttyps verfügbar. Anschließend bestimmen Datenflußdefinitionen die Übergabe der aktuellen Objektwerte von einem Container zum nächsten. Abbildung 4.30 zeigt die festzulegenden Datenflüsse, die im folgenden genauer beschrieben werden.

① Ereigniscontainer ⇒ Workflowcontainer

Das auslösende Ereignis übergibt die Objektreferenz an das betreffende Workflow. Dazu muß das Element _EVT_OBJECT des Ereigniscontainers in den Workflow-Container übertragen werden. Dadurch steht die aktuelle Materialnummer innerhalb des Workflow-Ablaufs zur Verfügung. Automatisch wird auch der Erzeuger des Ereignisses, der sog. Workflow-Initiator aus dem Element _EVT_CREATOR des Ereigniscontainers in das Element INITIATOR des Workflow-Containers übertragen. Er kann dann später, beispielsweise im Langtext einer Aufgabe, angegeben werden.

② Workflowcontainer ⇔ Aufgabencontainer

Innerhalb des Workflows müssen die Objektdaten zur Be- oder Weiterverarbeitung an die einzelnen Schritte übergeben werden. Erfolgen Änderungen in einem Schritt, müssen die neuen Daten an den Workflowcontainer zurückübertragen werden. Die wesentlichen Schritte zur Definition der Containerelemente können am Beispiel des Datenflusses vom Workflow- zum Aufgabencontainer der Hintergrundmethode CheckView aufgezeigt werden. Ausgehend vom grafischen Prozeßmodell wird die betreffende Einzelschrittaufgabe aufgerufen und die Container- und Datenflußinformation angegeben. Die Objektreferenz wurde bereits im Schritt ① definiert. Das Element ZMATERIAL des Workflow-Containers enthält eine Referenz auf die gesamte Struktur des Objekttyps BUS1001. Darin sind alle Attribute des Laufzeitobjekts verfügbar. Diese Struktur wird vom Workflow-Container (*Materialstammpflege Fertigerzeugnis*) zum Aufgabencontainer (*Buchhaltungssicht gepflegt ?*) transportiert und nach Abarbeitung des Schrittes wieder entgegengenommen. Das Containerelement MAINTENANCESTATUS zur Aufnahme des Pflegestatus wird automatisch durch Auswahl der entsprechenden Einzelschrittaufgabe im Workflow-Container angelegt, da es bei der Einzelschrittaufgabe als obligatorischer Importparameter definiert wurde. Allerdings wird dieses Element nicht benötigt, da die Übergabe des entsprechenden Pflegestatus an dieser Stelle sinnvollerweise als Konstante vorgenommen wird. Weiterhin ist zusätzlich für jede Sicht ein Element im Workflow-Container zu definieren, das den jeweiligen Rückgabewert der Methode CheckView aufnehmen kann. Es ist zu beachten, daß in parallelen Abschnitten für jeden Zweig eigene Containerelemente anzulegen sind. Der Rückgabewert einer Methode ist standardmäßig als Character-Variable mit der Länge 255 deklariert, steht im Aufgabencontainer im

Element _WI_RESULT zur Verfügung und kann von hier in ein Element des Workflow-Containers übernommen werden. Ein Element mit dieser Ausprägung wird im Workflow-Container mit der Referenz auf das Tabellenfeld WFSYST-RESULT angelegt. Die Abbildung 4.31 zeigt beispielhaft die Datenflußdefinition vom Workflow- zum Aufgabencontainer bei der Hintergrundmethode CheckView:

Abbildung 4.31: Datenflußdefinition

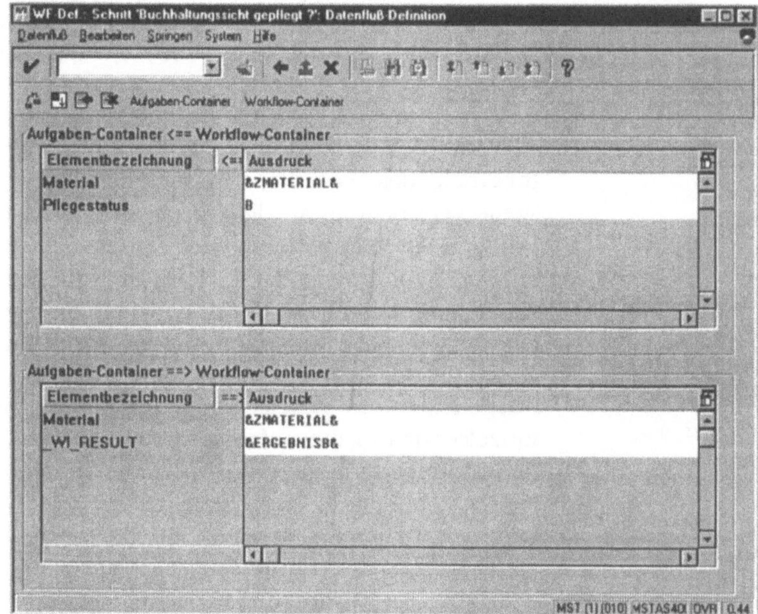

③ Aufgabencontainer ⇒ Methodenparametercontainer

Eine Einzelschrittaufgabe muß die Daten an die entsprechende Objektmethode transferieren. Innerhalb des ABAP/4-Programmes der Methode werden diese Daten schließlich mittels einer Makroanweisung aus dem Container entnommen und ihrer Verwendung zugeführt. Im Beispielfall wird bei der Methode CreateView zum Aufruf der Transaktion MM01 die aktuelle Materialnummer und der jeweilige Buchstabe des Pflegestatus benötigt. Dem Containerelement der Einzelschrittaufgabe MATERIAL ist somit wiederum das aktuelle Objekt (Workflowcontainer-Element ZMATERIAL) zu übergeben. Für das Pflegestatuskennzeichen wird an dieser Stelle nochmals eine Konstante angegeben. Rückgabewerte sind bei diesem Datenfluß nicht erforderlich, da keinerlei Änderungen an Containerelementen vorgenommen wurden.

④ Aufgabencontainer ⇒ Rollenparametercontainer

Die Rollenparameter enthalten zur Laufzeit die aktuellen, kontextabhängigen Informationen, die die Grundlage für eine Rollenauflösung bilden. Bei der Rollenauflösung durch Ausführen eines Funktionsbausteins enthält der Rollenparameter-Container beliebige Objektreferenzen oder Feldwerte, die vom Funktionsbaustein zur Rollenauflösung ausgelesen und entsprechend verarbeitet werden. Vor der Rollenauflösung werden die Container-Elemente per Datenfluß aus der aufrufenden Einzelschrittaufgabe mit Werten belegt. Der folgende Funktionsbaustein ist als Beispiel anzusehen, das beliebig ausgebaut werden kann. Es geht an dieser Stelle um die Erläuterung der Technik bei der Rollenauflösung. Als Anforderung sei gegeben, daß der zuständige Sachbearbeiter bei der Vertriebssicht von der Sparte abhängt. Für Materialien der Sparte '01' ist der Sachbearbeiter für die *Region Nord* zuständig, für alle anderen Materialien ist Sachbearbeiter für *Region Süd* zur Materialstammpflege auszuwählen.

Abbildung 4.32: Funktionsbaustein zur Rollenauflösung

```
*---------------------------------------------------------------*
* FUNCTION ZM_RESPONSIBLE_MAT_SALES                             *
* Lokale Schnittstelle:                                         *
*        TABLES                                                 *
*             ACTOR_TAB STRUCTURE  SWHACTOR                     *
*             AC_CONTAINER STRUCTURE  SWCONT                    *
*---------------------------------------------------------------*
INCLUDE <CNTAIN>.
DATA: SPARTE LIKE MARA-SPART.

* Initialisieren der Tabelle ACTOR_TAB
  REFRESH ACTOR_TAB.
  CLEAR   ACTOR_TAB.
  ACTOR_TAB-OTYPE = 'S '.          "Planstelle

* Containerwerte einlesen
  SWC_GET_ELEMENT AC_CONTAINER 'Sparte' SPARTE.
  IF SPARTE EQ '01'.
    ACTOR_TAB-OBJID = '30000036'.  "Region Nord
  ELSE.
    ACTOR_TAB-OBJID = '30000037'.  "Region Süd
  ENDIF.
  APPEND ACTOR_TAB.
ENDFUNCTION.
*---------------------------------------------------------------*
```

Aus dem Workflow-Container wird die als Attribut vorhandene Sparte des Materials (Feld MARA-SPART) übergeben. Das Ergebnis der Rollenauflösung, d. h. die entsprechend zuständige Planstelle, wird in Abhängigkeit der Sparte in dem Element ACTOR_TAB des Rollenparameter-Containers hinterlegt. Dabei ist das

Feld OTYPE (Datentypreferenz OBJEC-OTYPE) der Typ des Objekts des Organisationsmanagements.

Abbildung 4.33: Objekttypen des Organisationsmanagements

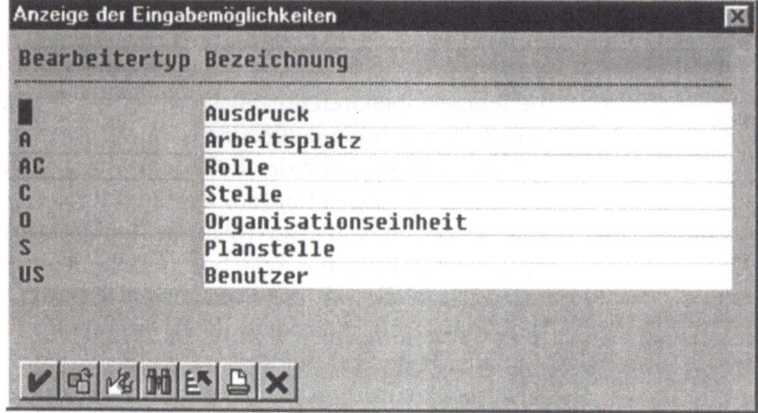

Im Beispiel wird hier S (Planstelle) eingetragen. Im Feld OBJID (Datentypreferenz OBJEC-REALO) ist die entsprechende ID der Planstelle zu hinterlegen. Hier wird im Beispiel eine absolute Zuweisung angewandt. In der Praxis wird man die Abhängigkeit in einer privaten Tabelle hinterlegen, deren Einträge die Rollenauflösung zur Laufzeit dann auswertet. Das Element ACTOR_TAB ist ein mehrzeiliges Element, d. h. als Ergebnis der Rollenauflösung können beliebig viele Organisationsobjekte ermittelt werden.

Doch nun zurück zu der eigentlichen Vorgehensweise bei der Definition von Workflow-Aufgaben. Sie kann in mindestens fünf Schritte gegliedert werden:

1. Grunddaten definieren

Bei der Definition der Grunddaten handelt es sich um Daten zur Identifikation des Workflows. Es erfolgt die Angabe eines Kürzels und einer Bezeichnung. Beim Sichern des Workflows wird automatisch ein 10-stelliges Kennzeichen vergeben, durch welches das Workflow eindeutig identifiziert werden kann. Dieses Kennzeichen setzt sich aus der Objektbezeichnung *WF* und einer laufenden achtstelligen Nummer zusammen. Auch wird hier wie bei einer Einzelschrittaufgabe eine Zuordnung zu einer Anwendungskomponente vorgenommen, um einen komfortablen Zugriff auf die Definitionen zu gewährleisten. Weiterhin kann der Workflow-Container bereits an dieser Stelle um benötigte Elemente erweitert werden. Im Beispiel ist hier mindestens ein Element zu definieren, das die Objektreferenz aufnimmt.

2. Auslösendes Ereignis definieren

Das Ereignis, welches das Workflow auslösen soll, muß angegeben und aktiviert werden. Durch die Aktivierung erfolgt automatisch ein Eintrag in die Ereigniskopplungstabelle, der auch manuell vorgenommen werden kann[1]. Damit die aktuellen Objektdaten im Workflow-Container zur Verfügung stehen, ist ein entsprechender Datenfluß zu definieren. Diese Übergabeschnittstelle vom Ereignis zum Workflow kann mit Hilfe einer *Ereignissimulation* getestet werden. Hierbei wird das Ereignis nicht tatsächlich ausgelöst, sondern es wird überprüft, welche Auswirkungen das Ereignis nach sich ziehen würde. Dabei wird die Konsistenz der Datenflußdefinition im Laufzeitsystem überprüft. Die Ereignissimulation erfolgt instanzenunabhängig.

3. Grafische Prozeßdefinition

Nach dem Aufruf des grafischen Workflow-Editors erscheint ein zunächst *leerer* Prozeßablauf mit zwei auslösenden Ereignissen, einer noch näher zu bestimmenden Aktivität und dem Ende des Workflows. Das auslösende Ereignis *Workflow gestartet* ermöglicht es, das Workflow durch einen berechtigten Benutzer manuell aus einer speziellen Transaktion heraus zu starten. Dieses Ereignis ist immer vorhanden und kann nicht entfernt werden.

Bedingungsschritt

Als erste Einzelschrittaufgabe ist ein Bedingungsschritt einzubauen, der die Materialart des aktuellen Materials überprüft. Handelt es sich um ein Fertigerzeugnis (Materialart = FERT), ist das Material für diesen Prozeß relevant, im anderen Fall wird das Workflow beendet. Zur Realisierung muß das vorhandene Workflow-Containerelement MaterialType geprüft werden. Dazu steht ein Bedingungseditor zur Verfügung, der auch zur Formulierung von komplexen Bedingungen unter Verwendung von logischen Vergleichsoperatoren (>, <=, „enthält Element") und logischen Verknüpfungsoperatoren (AND, OR) geeignet ist. Die vorhandenen Containerelemente können aus einer Liste ausgewählt und direkt in die Bedingungsdefinition übernommen werden. Eine Umgebung für Simulation und Test der definierten Bedingung steht ebenfalls zur Verfügung. In Abhängigkeit des Ergebnisses des Bedingungsvergleichs können interne Folgeereignisse angegeben werden. Im Beispiel wird das Folgeereignis *Material relevant* ausgelöst, wenn die Bedingung ZMATERIAL.MaterialType = 'FERT' *wahr* ist.

---

[1] vgl. Beschreibung der Ereigniskopplung in den Kapiteln 3.2.2 und 4.4.3

Abbildung 4.34:
Bedingungseditor

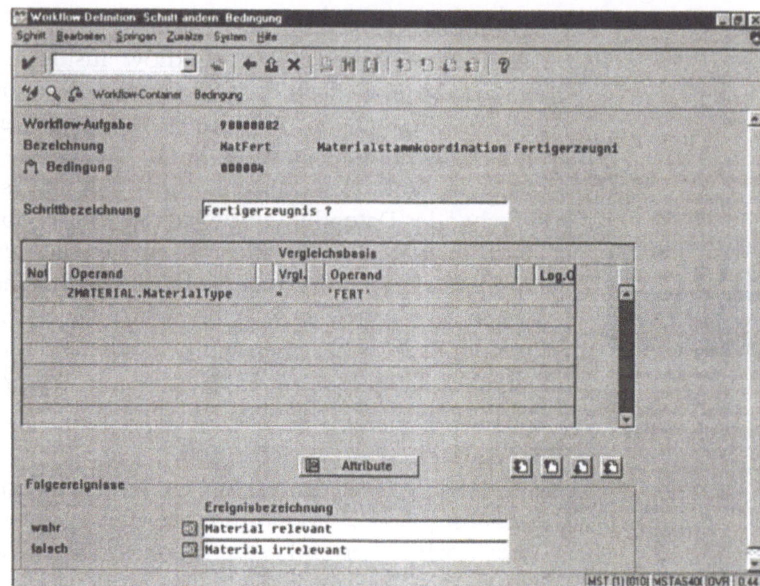

Paralleler Abschnitt

Nun beginnt ein paralleler Abschnitt mit sechs Zweigen, der mit Hilfe des Workflow-Editors recht einfach implementiert werden kann. Als Ergebnis erscheinen sechs parallele Zweige, in denen jeweils eine unbestimmte Aktivität und ein unbestimmtes Ereignis enthalten ist. Der parallele Abschnitt wird zur Laufzeit erst beendet, wenn alle sechs Zweige (*notwendige Zweige*) durchlaufen wurden. Damit verbleibt auch das Workflow solange im aktiven Status. Erst nachdem alle Sichten angelegt sind, wird das Workflow beendet. Damit besteht die Möglichkeit, die durchschnittliche Dauer, die zur Pflege eines Materialstammsatzes benötigt wurde, statistisch auszuwerten und evtl. Korrekturen des Prozesses (z. B. Eskalationsmechanismus) oder der Organisation zu veranlassen.

Hintergrundschritt

Die Abläufe innerhalb eines parallelen Zweiges sind grundsätzlich gleich. Sie unterscheiden sich hauptsächlich durch das entsprechende Pflegestatuskennzeichen, das die zu pflegende Sicht widerspiegelt. Als erstes soll ermittelt werden, ob die entsprechende Sicht des aktuellen Materials bereits gepflegt ist. Durch diese Prüfung trägt das Workflow wesentlich zur Effizienzsteigerung des Ablaufs bei. So können auch außerhalb des Workflow-Ablaufs, beispielsweise direkt bei der Neuanlage eines Materialstamms, weitere Sichten angelegt werden.

Durch das Workflow werden aber nur noch Mitarbeiter informiert, deren Sichten tatsächlich fehlen, für existierende Sichten ist keine Aktion erforderlich. Technisch wird diese Prüfung in zwei Schritten realisiert. Zunächst wird die bereits definierte Einzelschrittaufgabe CheckView im Hintergrund ausgeführt, die das ermittelte Ergebnis im Workflow-Container zur Verfügung stellt. Bei der Definition dieses Schrittes ist insbesondere der generierte Datenfluß wie bereits oben beschrieben anzupassen. Da es sich um einen Hintergrundschritt handelt, ist keine Bearbeiterzuordnung erforderlich.

Abbildung 4.35: Definition des Hintergrundschritts

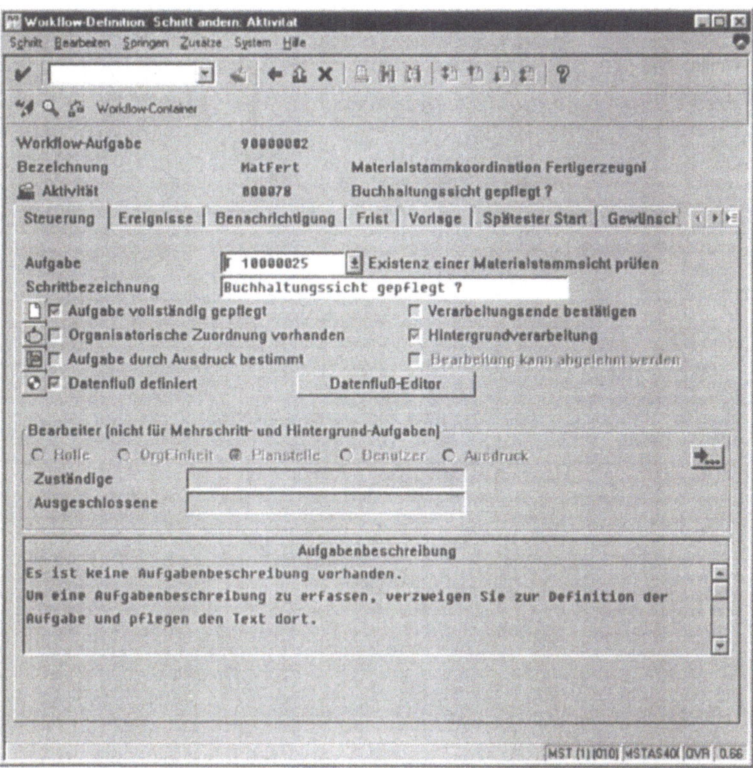

Bedingungsschritt

In einem weiteren Bedingungsschritt wird das ermittelte Ergebnis abgefragt. Enthält beispielsweise im Buchhaltungszweig das Workflow-Element ERGEBNISB den Inhalt *'JA'*, tritt das Ereignis *„Sicht B gepflegt"* ein und es brauchen keine weiteren Aktionen durchgeführt zu werden. Enthält das Element dagegen *'NEIN'*, tritt das Ereignis *„Sicht B pflegen"* ein, dem als nächster Schritt eine Aktivität folgt.

Dialogschritt

Diese Aktivität enthält die Einzelschrittaufgabe **CreateB**, hinter der sich die Methode **CreateView** verbirgt. Nach Ermittlung des zuständigen Sachbearbeiters wird dieser zur Pflege seiner Materialstammsicht über einen Eintrag im Postkorb aufgefordert. Beim Einbau der Aktivität ist wiederum der Datenfluß wie oben beschrieben zu definieren. Außerdem ist die Bearbeiterzuordnung vorzunehmen. Im Beispiel wird hier eine Planstelle zugeordnet. Bei Verwendung einer Rolle ist zusätzlich ein Datenfluß anzugeben. Details dazu sind weiter oben beschrieben, ein entsprechender ScreenCam-Ablauf liegt ebenfalls vor.

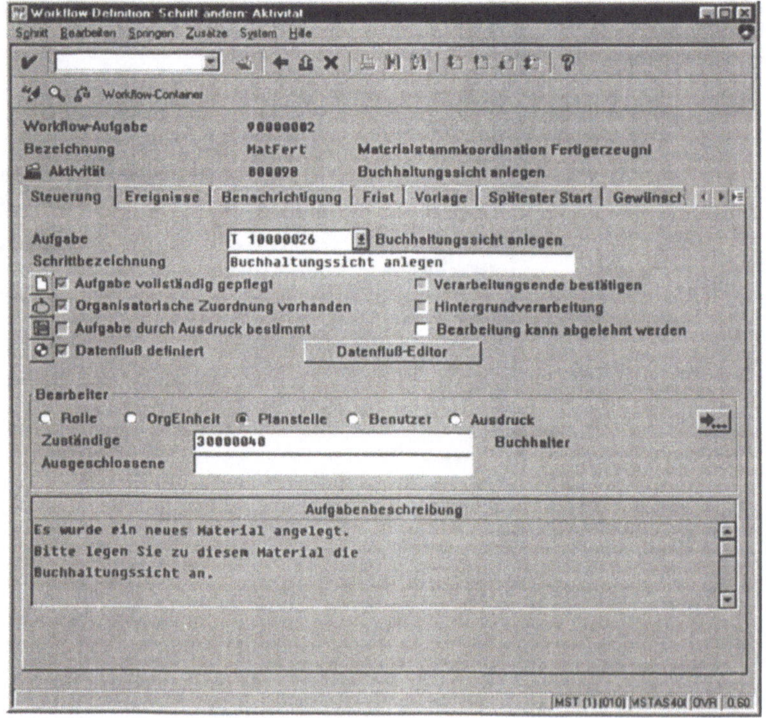

Abbildung 4.36: Definition des Dialogschritts

Zur Aktivierung eines Eskalationsmechanismus stehen die Registerkarten *Frist* (spätester Endetermin), *Vorlage* (gewünschter Starttermin), *spätester Start* und *gewünschtes Ende* zur Verfügung. Für jeden dieser Termine kann ein eigener Bezugspunkt, ein eigener Adressat bei Terminüberschreitung und ein eigener Benachrichtigungstext definiert werden. Zur Laufzeit erhalten die entsprechenden Bearbeiter bei Überschreitung des jeweiligen Termins eine Nachricht im Posteingang.

Die Aktivität wird durch ein publiziertes Ereignis beendet. Dieses tritt ein, sobald ein Sachbearbeiter seine Dateneingabe vorgenommen und den Dialog mit *Sichern* beendet hat. Werden die Daten nicht gesichert, tritt das Ereignis nicht ein und dieser Schritt verbleibt im Status *in Arbeit*. Damit muß die Aktivität in jedem Fall bearbeitet werden. Durch die Definition ***Bearbeitung kann nicht abgelehnt werden*** ist eine Zurückweisung des Workitems nicht möglich, allerdings kann der Benutzer die Aktivität an andere mögliche Sachbearbeiter weiterleiten.

Blockoperationen

Damit sind alle Schritte in einem parallelen Zweig integriert. Innerhalb des grafischen Workflow-Editors kann der gesamte Zweig als Block markiert und in die restlichen Zweige kopiert werden. Danach sind die entsprechenden Änderungen an Datenfluß, Einzelschrittaufgabe und Zuständigkeit manuell vorzunehmen. Grundsätzlich wäre auch die Kapselung eines parallelen Zweiges in einem Subflow denkbar. Dies hätte den Vorteil, daß das Workflow-Modell eine abstraktere Darstellung des Prozesses zeigen würde und ein Zweig nur einmal definiert werden müßte. Auch könnte dieses Subflow in die Workflows für die anderen Materialarten eingebunden werden. Dagegen spricht, daß evtl. notwendige individuelle Unterschiede innerhalb eines Zweiges mit einem Subflow nicht abbildbar sind.

4. Workflow prüfen und aktivieren

Bei der Aktivierung einer Workflow-Definition wird zunächst eine Konsistenzprüfung durchgeführt. Danach wird die Definition gesichert und zusätzlich eine Laufzeitstruktur erzeugt. Es können mehrere Versionen einer Workflow-Definition innerhalb eines Gültigkeitszeitraums verwaltet werden. Innerhalb der Test- und Entwicklungsphase wird i. d. R. mit ein und derselben Version gearbeitet. Befindet sich die Workflow-Anwendung bereits im Produktivbetrieb, muß in Abhängigkeit von aktuell laufenden Workflows evtl. eine neue Version angelegt werden, denn wenn eine Workflow-Definition unter der bisherigen Version aktiviert wird, können laufende Workflows, die sich auf dieselbe Version beziehen, u. U. nicht mehr weiter ausgeführt werden. Aus Speicherplatzgründen sollte mit dem Anlegen von neuen Versionen sparsam umgegangen werden.

Die umseitige Abbildung zeigt das fertige und ablauffähige Ergebnis, wie es im Workflow-Editor angezeigt wird.

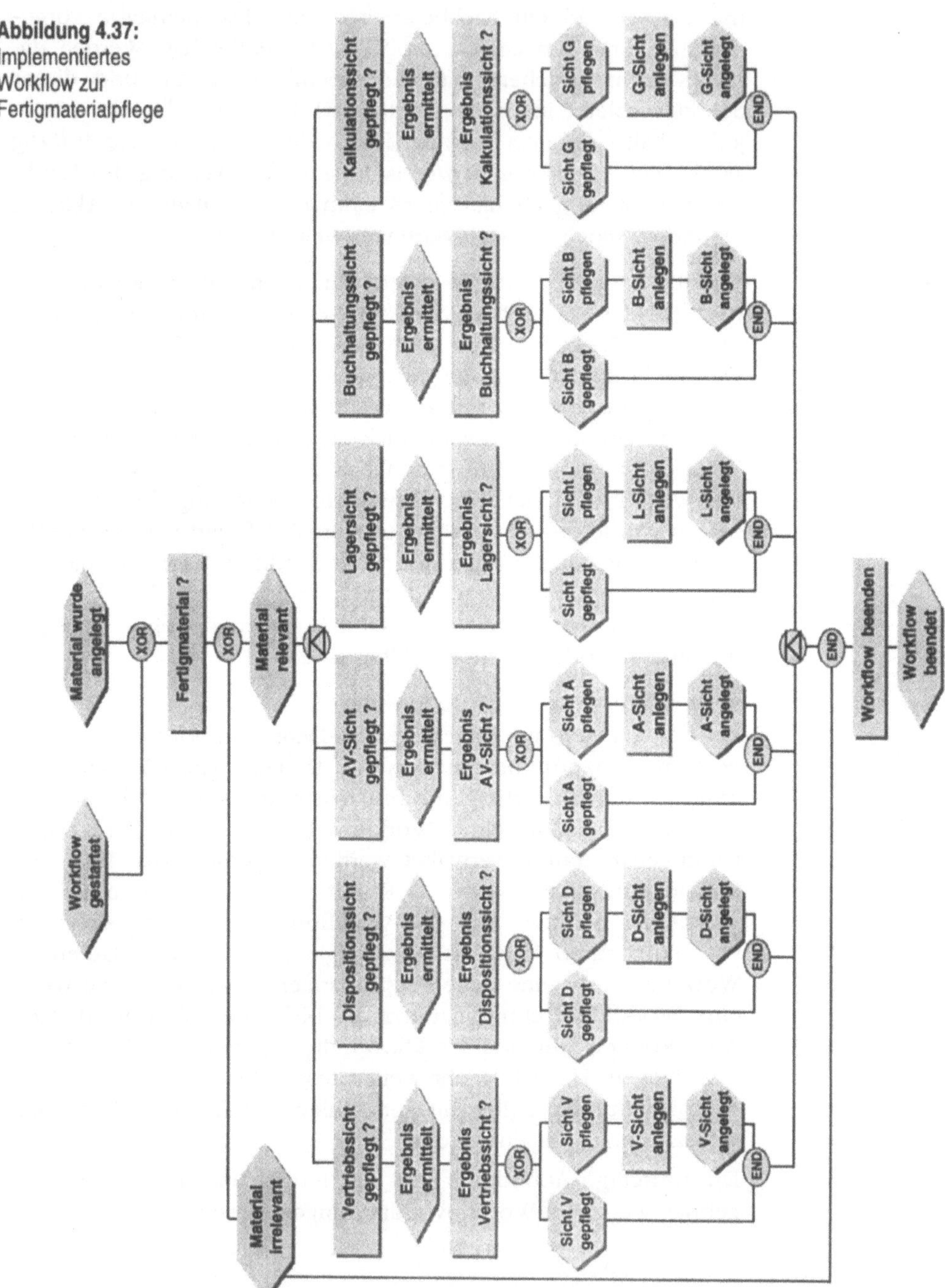

Abbildung 4.37: Implementiertes Workflow zur Fertigmaterialpflege

Unterschiede zwischen Ablauf- und Workflow-Diagramm

Ein Vergleich mit den Ausgangsmodellen (Abb. 4.7 bzw. 4.8) zeigt mehrere Unterschiede: Innerhalb des parallelen Abschnitts mußte die Ermittlung der Existenz einer Materialstammsicht aus technischen Gründen in zwei Aktivitäten aufgegliedert werden. Insofern kann bemängelt werden, daß der Blickwinkel des Workflow-Modells eher auf technischen Aspekten liegt; eine Sichtweise, die sich für einen Ablaufkoordinator eher störend auswirkt. Wie bereits erwähnt, kann der betriebswirtschaftliche Ablauf besser grafisch beschrieben werden, wenn die Workflow-Implementierung mehrere Abstraktionsstufen enthält. Dies kann durch den Einbau von Subflows geschehen. Weiterhin sind im Workflow-Modell im Gegensatz zum GP-Modell keine Bearbeiter mehr angegeben. Diese wurden zwar bei der Definition der Schritte durch die Angabe von Planstellen festgelegt und werden damit dynamisch zur Laufzeit des Workflows ermittelt, die grafische Darstellung zu Dokumentationszwecken wäre aber sicherlich hilfreich.

5. Workflow testen

Zum Testen einer ablauffähigen Workflow-Implementierung kann das *auslösende Ereignis* manuell erzeugt werden. Im Unterschied zur Ereignissimulation ist hier eine entsprechende Objektinstanz, im Beispiel also eine existierende Materialnummer anzugeben. Falls die Ereignisverbraucherkopplung aktiv ist, wird ein entsprechendes Workflow so gestartet, als wäre es durch eine Anwendung ausgelöst worden. Dadurch können beispielsweise mehrere Tests mit dem gleichen Material durchgeführt werden.

Abbildung 4.38:
Ereignis erzeugen

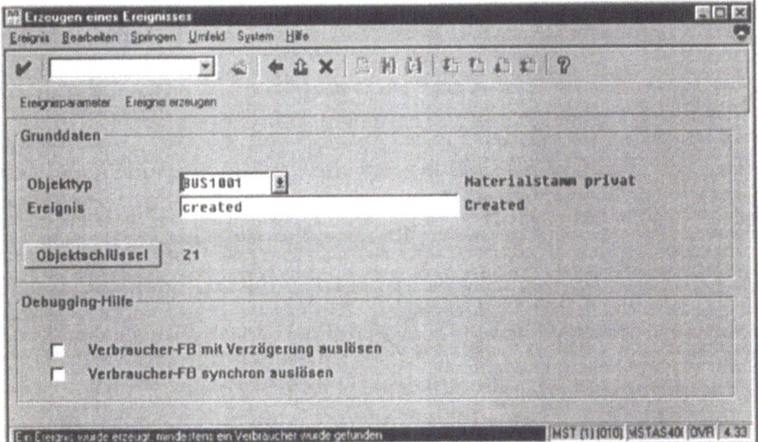

4.5 Workflow-Betrieb

Nachdem die Workflow-Anwendung in das jeweilige Produktivsystem transportiert wurde, kann die produktive Betriebsphase beginnen, deren Betrachtung aus drei Perspektiven interessant ist:

1. Sicht des Endanwenders

Für einen Sachbearbeiter ist der *integrierte Eingangskorb* ein neues, zentrales Arbeitsmedium. Er ist direkt aus dem SAP Hauptmenü über *Büro → Eingang* zu erreichen und unterteilt die enthaltenen Einträge bereits auf dem Einstiegsbild in unterschiedliche Kategorien. Außerdem können für jeden Benutzer persönliche Konfigurationen mit eigenen Kriterien angelegt werden, die dann auf der rechten Seite als Drucktasten erscheinen. Gesteuert werden diese Kriterien maßgeblich durch eine *Klasse*, der alle Einträge im integrierten Eingangskorb zugeordnet sind. Workitems (⟳) beispielsweise gehören zur Klasse *WF*, SAPoffice-Dokumente (✐) zur Klasse *SO*. Weitere Kriterien können beispielsweise über folgende Kennzeichen bestimmt werden:

Kennzeichen

✓	**OA**	Attribut, ob ein Office-Dokument bereits gelesen wurde
	ST	Status des Eintrags (Erklärung siehe unten)
⚲	**AU**	Ausführbares Workitem
⊜	**AN**	Anzahl der Anlagen an ein Office-Dokument
	Autor	Absender eines Dokuments

Im Einstiegsbild des Büroeingangs sind folgende Drucktasten verfügbar:

Drucktasten

- **Total** zeigt alle Einträge an und stellt damit den eigentlichen integrierten Posteingang dar.
- **Office** zeigt alle Dokumente an (Mails, externe Dokumente).
- **Office ungelesen** enthält nur neue Dokumente, um noch schneller auf wesentliche Informationen zugreifen zu können.
- **Workflow** zeigt alle zu bearbeitenden Tätigkeiten (Workitems) an.
- **Fristüberschreitung** zeigt alle Workitems an, deren spätester Endetermin bereits überschritten ist.
- **Terminüberschreitung** zeigt bspw. bei einem Vorgesetzten alle Workitems vom Typ D an, bei denen ein anderer Sachbearbeiter die maximale Bearbeitungszeit überschritten hat.

- **Fehlerhaft** zeigt alle Workitems an, die sich im Status fehlerhaft befinden.

Workitemstatus

Ein Workitem kann unterschiedliche Stati annehmen, die in der Worklist mit einem Symbol gekennzeichnet werden. Diese Stati sind wie folgt zu interpretieren:

□ ***bereit:***
Das Workitem ist zur Ausführung freigegeben und wartet auf den Start durch den Benutzer.

◊ ***angenommen:***
In diesem Fall wurden mehrere Bearbeiter für eine Aufgabe als zuständig ermittelt und einer dieser Bearbeiter hat das Workitem für sich reserviert. Damit verschwindet dieses Workitem aus den Eingangskörben der anderen Bearbeiter.

◨ ***in Arbeit:***
Dieser Status zeigt an, daß die Ausführung eines Workitems durch den Benutzer abgebrochen wurde, oder daß dieses Workitem noch auf ein beendendes Ereignis wartet. Letzteres wurde in der Workflow-Definition festgelegt.

◨ ***ausgeführt:***
Ein Workitem, dessen Verarbeitungsende explizit zu bestätigen ist, verbleibt mit diesem Status im Eingangskorb, bis es auf erledigt gesetzt wird. Das ist sinnvoll, wenn die Ausführung mehrmals wiederholt werden soll.

■ ***beendet:***
Beendete Workitems werden im Eingangskorb nicht angezeigt. Dieser Status wird angenommen, wenn die repräsentierte Kundenaufgabe zu einem korrekten Ergebnis gekommen ist.

⚠ ***fehlerhaft:***
Während der Ausführung des Workitems ist ein Fehler aufgetreten. Fehlerhafte Workitems können nur durch einen Administrator in einen anderen Status (*in Arbeit* oder *logisch gelöscht*) zurückversetzt werden.

logisch gelöscht:
Wenn ein Workitem aus Sicht der Ablauflogik sinnlos geworden ist, kann es durch einen Administrator logisch gelöscht werden, wodurch es aus dem Eingangskorb verschwindet. Dieser Status wird im Eingangskorb nie sichtbar sein und hat deshalb kein Symbol.

wartend:
Auch dieser Status wird im integrierten Eingangskorb nie sichtbar sein. Alle Workitems, die erst zu einem bestimmten Termin ausgeführt werden sollen, warten im Hintergrund (für einen Administrator sichtbar).

Durch einen Doppelklick auf den Kurztext einer Aktivität werden Details zum entsprechenden Workitem wie beispielsweise Terminierungsdaten oder der Aufgabenlangtext angezeigt. Über die Menüoptionen *Springen* und *Zusätze* sind weitere recht umfangreiche Funktionen verfügbar. So kann etwa das Ergebnis einer Rollenauflösung abgefragt oder in den sog. Workflow-Ausgang verzweigt werden, in dem technische Details zu allen Workitems des aktuellen Benutzers enthalten sind.

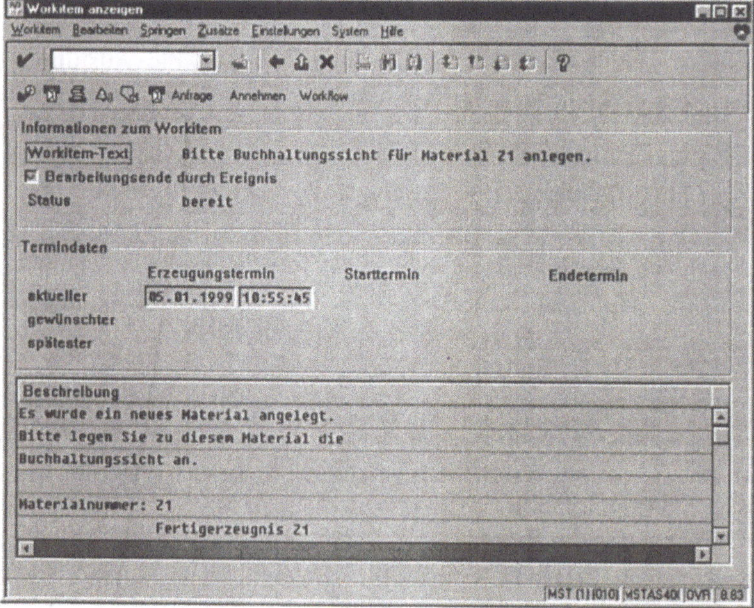

Abbildung 4.39: Details eines Workitems

Wie Office-Dokumente können auch Workitems an andere SAP-Benutzer weitergeleitet, auf Wiedervorlage gelegt oder mit Anlagen versehen werden. Auch kann direkt im Posteingang ein Standardvertreter definiert und für einen gewissen Zeitraum aktiviert bzw. deaktiviert werden. Eingehende Workitems, die in Vertretung für einen Kollegen zu bearbeiten sind, sind als solche sofort in der Worklist erkennbar, da der Name des originären Sachbearbeiters in der Spalte *Vertretung für* erscheint.

2. Sicht des Workflow-Administrators

Von besonderem Interesse bei produktiven Workflow-Anwendungen ist die schnelle und effiziente Fehlerbehandlung zur Laufzeit. Um dies sicherstellen zu können, ist in jedem Fall ein Workflow-Administrator zu benennen, der für alle oder bestimmte Workflow-Anwendungen in der Lage sein muß, technische Probleme zu erkennen und zu beseitigen. Insbesondere bei der Fehlerdiagnose sind hierzu i.d.R. auch Kenntnisse über den betriebswirtschaftlichen Ablauf der Workflow-Anwendung unabdingbar. Zusätzlich muß dieser Administrator über Werkzeuge verfügen, die ihn bei der Fehlersuche effektiv unterstützen. Im SAP-System wird diese Forderung durch unterschiedliche Funktionen unterstützt: Wird ein Workitem in den Status fehlerhaft versetzt, erhält ein definierter Workflow-Administrator unverzüglich eine ausführbare SAPoffice-Nachricht in den Posteingang gestellt. Nach dem Aktivieren der Nachricht wird direkt in das *Schrittprotokoll* verzweigt, wo das betreffende Workitem dann repariert werden kann.

Mail an Workflow-Administrator

Schrittprotokoll

Auch wenn ein Workitem vom Typ F mit der Workitem-Analyse betrachtet wird, erscheint zunächst das Schrittprotokoll, aus dem der bisherige Ablauf des Workflows, der aktuelle Status und alle enthaltenen Schritte Punkt für Punkt zu ersehen sind. Auch eventuell aufgetretene Fehler im Ablauf eines Workflows werden hier angezeigt und können mit Hilfe der eingeblendeten Fehlermeldungen analysiert werden. Durch Doppelklick auf einen Eintrag kann direkt in das jeweilige Workitem verzweigt werden, wodurch ein Fehler unverzüglich repariert und das Workitem erneut gestartet werden kann.

Technisches Protokoll

Im technischen Protokoll, das direkt vom Schrittprotokoll aus erreichbar ist, stellt sich eine tiefergehende Sicht auf den Prozeß dar, die den programmorientierten Ablauf des Workflows wiedergibt. Für jeden Schritt wird beispielsweise seine Knotennummer in der Workflow-Definition, die Workitem-ID der abgeleiteten Workitem-Instanz und deren derzeitiger Status angezeigt. Die Anzeige des Bearbeiters kann über eine Customizing-Einstellung ein- und ausgeblendet werden.

Auf der nächsten Seite sind beide Protokolle für das Beispielworkflow und eine entsprechende Interpretation abgebildet.

Tabelle 4.5: Schrittprotokoll

Workflow/Schritt	Ergebnis Ereignis	Bearbeiter
Materialstammkoordination Fertigerzeugnis		USSTROBEL
Fertigerzeugnis ?	wahr	
Beginn paraller Abschnitt	OK	
Existenz einer Materialstammsicht prüfen		WORKFLOW SYSTEM
Ergebnis Buchhaltungssicht ?	falsch	
Bitte Buchhaltungssicht für Material Z99 anlegen.		Strobel Ulrich
Existenz einer Materialstammsicht prüfen		WORKFLOW SYSTEM
Ergebnis AV-Sicht ?	falsch	
Bitte AV-Sicht für Material Z99 anlegen.		
Existenz einer Materialstammsicht prüfen		WORKFLOW SYSTEM
Ergebnis Vertriebssicht ?	falsch	
Existenz einer Materialstammsicht prüfen		WORKFLOW SYSTEM
Ergebnis Dispositionssicht ?	wahr	
Paralleler Zweig beendet	1(6)	
Existenz einer Materialstammsicht prüfen		WORKFLOW SYSTEM
Ergebnis Lagersicht ?	falsch	
Bitte Lagersicht für Material Z99 anlegen.		
Existenz einer Materialstammsicht prüfen		WORKFLOW SYSTEM
Ergebnis Kalkulationssicht ?	falsch	
Bitte Kalkulationssicht für Material Z99 anlegen.		

Tabelle 4.6: Technisches Protokoll

Workflow	**Materialstammkoordination Fertigerzeu**			**Nummer**	**386227**	
Initiator	**Strobel Ulrich**			**Zustand**	**fehlerhaft**	
Schritt	**Bezeichnung**	**Workitem**	**Bearbeiter**	**Ergebnis**	**Zustand**	**Vorgänger**
1	Workflow gestartet	386227	WF-BATCH	OK	**ERROR**	
4	Verzweigung			wahr		
12	Beginn paraller Abschnit			OK		
78	Buchhaltungssicht gepfle	386233	WF-BATCH	NEIN	COMPLETED	386227
81	Blockende			OK		
93	Verzweigung			falsch		
98	Buchhaltungssicht anlege	386234	STROBEL		COMPLETED	386233
73	AV-Sicht gepflegt ?	386232	WF-BATCH	NEIN	COMPLETED	386227
76	Blockende			OK		
83	Verzweigung			falsch		
88	AV-Sicht anlegen	386235			READY	386232
68	Vertriebssicht gepflegt	386231	WF-BATCH	NEIN	COMPLETED	386227
71	Blockende			OK		
103	Verzweigung			falsch		
	Meldung Nr. WL 482					
108	**Meldung Nr. WL 423**					
63	Dispositionssicht gepfle	386230	WF-BATCH	JA	COMPLETED	386227
66	Blockende			OK		
123	Verzweigung			wahr		
127	Blockende			OK		
13	Paralleler Zweig beendet			OK		
58	Lagersicht gepflegt ?	386229	WF-BATCH	NEIN	COMPLETED	386227
61	Blockende			OK		
113	Verzweigung			falsch		
118	Lagersicht anlegen	386236			READY	386229
38	Kalkulationssicht gepfle	386228	WF-BATCH	NEIN	COMPLETED	386227
40	Blockende			OK		
44	Verzweigung			falsch		
53	Kalkulationssicht anlege	386237			READY	386228
	Meldung Nr. WL 488					
	Meldung Nr. WL 477					

Das **Schrittprotokoll** zeigt ein noch laufendes Workflow zur Materialstammpflege von Fertigerzeugnissen. Dieses Workflow befindet sich im Status *fehlerhaft*. Der Auslöser des Workflows war der SAP-Benutzer (US) STROBEL. Der erste Bedingungsschritt (*Fertigerzeugnis ?*) wurde mit dem Ergebnis wahr beendet, d. h. es handelt sich bei dem aktuellen Objekt um ein Fertigerzeugnis. Danach wurde der parallele Abschnitt fehlerfrei erzeugt. Der Hintergrundschritt zur Existenzprüfung der Buchhaltungssicht wurde ebenfalls fehlerfrei beendet. Der anschließende Bedingungsschritt ergab das Ergebnis falsch, d. h. die Buchhaltungssicht war noch nicht angelegt. Daraufhin wurde der Dialogschritt zur Pflege der Buchhaltungssicht ausgeführt. Dieser ist zum gegenwärtigen Zeitpunkt bereits beendet, da die Materialstammsicht durch den Bearbeiter Strobel Ulrich angelegt wurde. Dagegen befindet sich die Pflege der *AV-Sicht* im Status bereit, d. h. beim zuständigen Bearbeiter befindet sich derzeit ein entsprechendes Workitem im Eingangskorb. Im parallelen Zweig der *Vertriebssicht* wurde ermittelt, daß die Sicht noch nicht angelegt ist, allerdings fehlt eine weitere Aktion. Es ist deshalb zu vermuten, daß sich der Fehler an dieser Stelle befindet. Die *Dispositionssicht* für dieses Material war bereits angelegt. Der erste von sechs parallelen Zweigen (1(6)) wird deshalb beendet. Die beiden verbleibenden Sichten *Lager* und *Kalkulation* befinden sich wie die *AV-Sicht* noch im Status bereit.

Im **technischen Protokoll** sind zusätzliche Fehlermeldungen verfügbar, die bei der Fehlerdiagnose unterstützen. Werden beispielsweise bestimmte Datenkonstellationen in Methoden durch Ausnahmen innerhalb der Methodenimplementierung abgefangen, wird das Workitem in den Status fehlerhaft versetzt und eigendefinierte Ausnahmemeldungen erscheinen im technischen Protokoll. Im Beispiel weist die SAP-Meldung WL 423 auf den aufgetretenen Fehler hin: Workflow Nr. 386227 Schritt 108: Fehler: Ausnahme bei Auflösung der Rolle 'AC90000001'. Bei der Rollenauflösung zur Vertriebssicht konnte kein zuständiger Sachbearbeiter ermittelt werden. Entweder die aufgetretene Datenkonstellation wurde bei der Implementierung der Rollenauflösung nicht berücksichtigt, oder es sind ungültige Werte im Materialstamm enthalten. Nach erfolgter Fehlerursachenbehebung wird durch einen Doppelklick auf den Schritt 1 in das fehlerhafte Workitem verzweigt. Im Änderungsmodus kann nun der Status dieses Workitems durch den Administrator geändert werden. Hierbei stehen folgende Möglichkeiten zur Auswahl:

Manuelle Statusänderungen durch den Workflow-Administrator

Manuell bereit setzen: Der Status des Workitems wird von *wartend* auf *bereit* geändert. Das Workitem erscheint damit in den integrierten Eingangskörben der ausgewählten Bearbeiter.

Manuell beenden: Der Status des Workitems wird auf „beendet" geändert. Bei Workitems wird diese Statusänderung zusammen mit dem gerade aktuellen Workitem-Container an das Workflow-System zur Auswertung weitergereicht. Wenn es sich bei der auszuführenden Objektmethode um eine synchrone Methode mit Ergebnis handelt, werden die möglichen Ergebniswerte zur Auswahl angeboten.

Manuell zurücklegen: Der Status des Workitems wird auf *bereit* zurückgesetzt. Das Workitem ist damit wieder in den integrierten Eingangskörben aller ausgewählten Bearbeiter zu sehen.

Neustart bei Fehler: Fehlerhafte Workitems und insbesondere Workflows können nach der erfolgten Fehlerbeseitigung erneut gestartet werden. Die Informationen, die vom Workflow-System beim Auftreten des Fehlers in ein Fehlerprotokoll geschrieben wurden, werden jetzt berücksichtigt.

Logisch löschen: Der Status des Workitems wird auf *logisch gelöscht* geändert. Bei Workitems wird diese Statusänderung an das Workflow-System weitergereicht.

Außerdem kann der Administrator beispielsweise an einem Dialogworkitem alle Aktionen durchführen, die auch ein zuständiger Sachbearbeiter durchführen kann. Der Posteingangskorb ist dazu nicht erforderlich. So können Workitems angenommen, ausgeführt, weitergeleitet, wiedervorgelegt usw. werden.

Jeder manuelle Eingriff in den Ablauf des Workflows wird im technischen Protokoll als zusätzliche Meldung hinterlegt. So erscheint im Beispiel die folgende Meldung, nachdem das fehlerhafte Workflow neu gestartet wurde:

Abbildung 4.40: Meldung WL 397 im technischen Protokoll

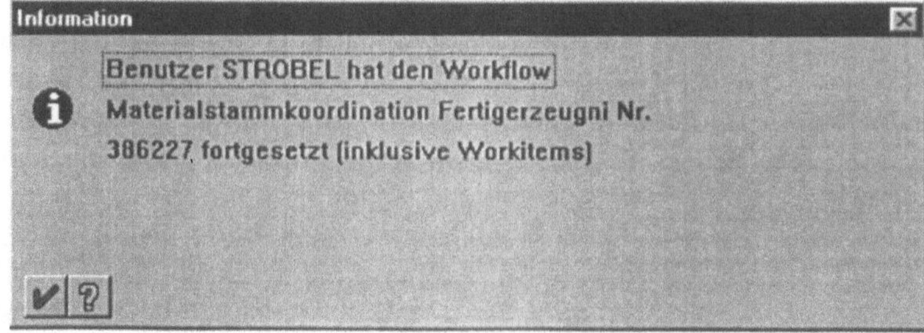

3. Sicht des Prozeß-Koordinators

Im Sinne der kontinuierlichen Optimierung der Geschäftsprozesse ist die Überwachung und Auswertung der durch das Workflow-System gespeicherten Prozeßdaten von besonderem Interesse. Im Unterschied zu klassischen Methoden der Ermittlung von Ist-Daten zu Prozeßabläufen wie Stichprobe, Interview, Fragebogen etc. werden im Workflow-System **alle** Laufzeitinformationen protokolliert. Analyse- und Reportwerkzeuge dienen der Auswertung der Workflow-Aktivitäten und können wertvolle Informationen zur stetigen Verbesserung der Prozesse liefern. Im Abschnitt 3.2.2 wurde bereits ausführlich auf die vorhandenen Auswertungsmöglichkeiten des R/3-Systems eingegangen. Entsprechende Informationen sind dort nachzulesen. Ein repräsentatives Beispiel kann hier nicht konstruiert werden, da die tatsächlichen Schwachstellen von Prozessen zu unterschiedlich und vielfältig sind. Es ist aber unabdingbar, das Prozeßmonitoring als einen nicht wegzudenkenden Baustein im Workflow-Lebenszyklus anzusehen. Nur damit wird es möglich sein, zu immer optimaleren Geschäftsprozessen zu gelangen.

Abbildung 4.41: Vorgehensweise Prozeß-Monitoring

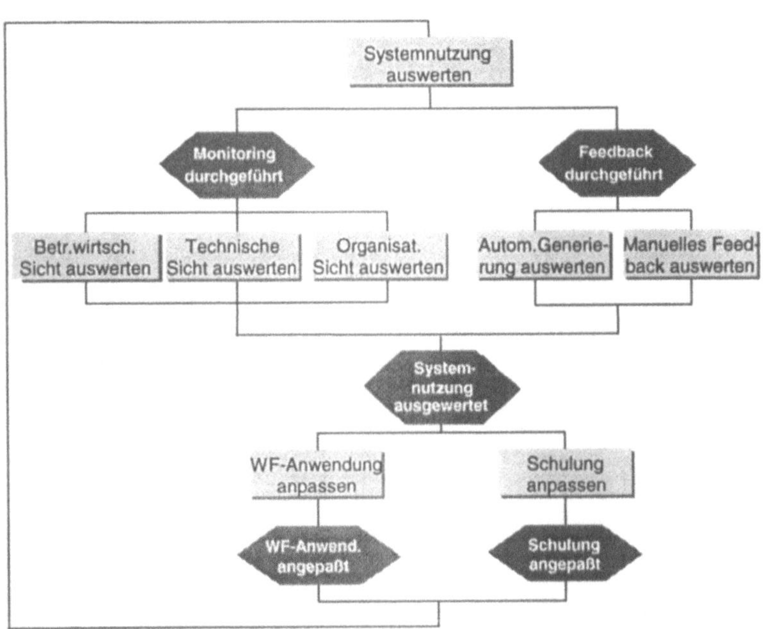

Kapitel 5

Schlußbetrachtung

Überblick

Abschließend soll eine kritische Auseinandersetzung mit dem Workflow-System der SAP stehen. Insbesondere Erfahrungen, die in zahlreichen Projekten gesammelt werden konnten, werden hier zu Ihrem Nutzen differenziert betrachtet.

5 Schlußbetrachtung

Zusammenfassung

Im vorliegenden Buch wurden Workflow-Systeme - speziell das SAP Business Workflow-System - unter Berücksichtigung der Einsatzmöglichkeiten im produzierenden Mittelstand untersucht. Nach Erörterung der theoretischen Grundlagen, die sich einerseits mit Konzepten und Methoden der Geschäftsprozeßoptimierung und andererseits mit Möglichkeiten und Zielen von Workflow-Systemen auseinandersetzten, wurde die Architektur und Funktionsweise von SAP Business Workflow von unterschiedlichen Seiten eingehend beleuchtet. Aufbauend auf diesen Grundlagen wurde unter Beachtung der Anforderungen unterschiedlicher Unternehmen ein Geschäftsprozeß ausgewählt und analysiert. Aus mehreren vorgeschlagenen Gestaltungsalternativen für diesen Prozeß wurde schließlich die Workflow-Lösung im R/3-System implementiert.

Bewertung

Im Rahmen der Untersuchung stellte sich heraus, daß sich im Workflow-Umfeld ein nicht zu unterschätzendes Verwirrspiel an Begriffen, Funktionen und Schlagworten tummelt, in das - zunächst vor allem für viele Entscheidungsträger - Klarheit gebracht werden muß. Dies liegt vor allem am Thema selbst, das nicht isoliert betrachtet werden kann und darf, sondern viele Bereiche des betrieblichen Umfeldes berührt.

Die allgemein bekannten Vorteile von Workflow-Systemen konnten untermauert und bestätigt werden. Bei der Betrachtung von SAP Business Workflow zeigte sich deutlich, daß dieses System sehr wohl in der Lage ist, auch komplexe Geschäftsprozesse zu steuern und damit die Effizienz im betrieblichen Ablauf zu steigern. Jedoch liegt in dieser Offenheit die große Gefahr, alte verkrustete Strukturen „einfach nur“ elektronisch abzubilden. Der erhofften Effizienzsteigerung wird damit entgegengewirkt und die Wirtschaftlichkeit von vornherein in Frage gestellt. Skurrilerweise ist ein Basisproblem noch nicht zufriedenstellend gelöst: Immer noch klaffen unternehmerische, organisatorische und technische Möglichkeiten stark auseinander. Anzustreben wäre eigentlich eine Harmonisierung dieser Teilbereiche in Hinblick auf die vorgegebenen wirtschaftlichen Ziele. Auch wurde deutlich, daß die Kurve der Effizienzsteigerung langfristig gesehen degressiv verläuft, d. h. mit der Implementierung weniger wichtiger Prozesse läßt sich die höchste Effizienzsteigerung erzielen.

Dem gegenüber steht ein progressiv wachsender Aufwand bei der Implementierung. Weiterhin sind nicht alle Prozesse automatisierbar. Für extrem komplexe Aufgaben müßten alle denkbaren Möglichkeiten herausgefunden und implementiert werden, um die Vorteile nutzen zu können. Solche Prozesse werden damit schwierig administrierbar und kostspielig. So gesehen sollten für Prozesse, die dynamisch und sehr variabel auftreten, alternative Überlegungen angestellt werden. Eine hundertprozentige Durchdringung des betrieblichen Geschehens durch ein Workflow-System erscheint unter diesen Gesichtspunkten weder realistisch noch rentabel.

Bei der Betrachtung des Workflow-Einsatzes im Echtbetrieb wurde deutlich, daß der **wirtschaftlich vertretbare Einsatz** erst gewährleistet ist, wenn Echtzeitdaten erhoben, analysiert und zur **stetigen, evolutionären Prozeßoptimierung** genutzt werden. Durch eine solche Rückführung der Echtzeitdaten in den Lifecycle kann damit erstmals bei der Geschäftsprozeßoptimierung auf Laufzeitdaten anstatt auf Schätzdaten aufgebaut werden. Unter diesem Gesichtspunkt kann behauptet werden, daß BPR-Projekte nicht die unabdingbare Voraussetzung für den Workflow-Einsatz sind, sondern vielmehr das Workflow-System die Möglichkeit zum „sanften" Einstieg in das BPR anbietet. In dieser Variante kann es gewissermaßen die Rolle eines Werkzeugs für eine erfolgreiche Sanierung spielen.

Aufwand, um SAP Business-Workflow einzusetzen

Differenzierte Kostenanalysen und Wirtschaftlichkeitsberechnungen beziehen sich vornehmlich auf Hardwarekosten, Softwarelizenzen und Folgekosten bezogen auf Wartung und Anwenderunterstützung. Nicht übersehen werden dürfen Kosten für Geschäftsprozeß- bzw. Workflow-Design und -Implementierung. Entscheidend für den wirtschaftlichen Einsatz einer Workflow-Management-Software erscheint die Unterstützung eines schnellen, effizienten und somit wirtschaftlichen Prototyping zur Abbildung der Geschäftsprozesse und der flexiblen Erweiterung und Änderung bestehender Prozeduren. Besonders während der praktischen Umsetzung stellte sich heraus, daß im SAP Business Workflow zwar sehr bemerkenswerte Ansätze erkennbar sind, die Implementierung als modernes prozeßorientiertes Customizing zu betrachten, allerdings scheint sich die derzeitige Version noch auf dem Weg zu diesem hohen Ziel zu befinden. Es wurde sehr deutlich, daß die Umsetzung der Automatisierung vom Anwender selbst - ohne Softwareentwicklung betreiben zu müssen - nur sehr eingeschränkt realisierbar ist. Wird - wie im SAP Business Workflow festgestellt wurde - durch vermeintliche Offenheit um jeden Preis jegliche Workflow-Funktionalität allenfalls programmierbar statt administrierbar, werden die Anwender - und hier vorwiegend die mittelständischer Betriebe - erneut in Abhängigkeiten von Systemhäusern und Integratoren getrieben. Eigene Erfahrungen in diesem Bereich zu sammeln bedeutet in der Regel, daß zuerst **kostspielige Versuche und Fehler** gemacht werden müssen, die sich kein Unternehmen leisten kann oder will.

Auch darf der Aufwand nicht unterschätzt werden, der notwendig wird, um sich auf neue betriebliche Aufgabenstellungen einzurichten, die das Prozeßdesign gravierend verändern können. Vor überzogenen Forderungen muß gewarnt werden. Workflow-Systeme besitzen in der Tat ein großes Potential, das jedoch nicht in jedem Fall voll ausgeschöpft werden kann.

Veränderungen für die Mitarbeiter

Es wurde deutlich, daß der konkrete Vorteil des SAP Workflow-Systems neben der automatisch mit dem R/3-System ausgelieferten Softwarelizenz nicht in der rein technischen Umsetzung liegt, sondern in der **homogenen und durchgängigen Integration des Workflow-Frontends** zu den Anwendern und den atomaren Fachanwendungen von R/3. Dies kann als wichtiger Erfolgsfaktor bei der Einführung prognostiziert werden, denn die Benutzer verwenden bei ihrer Arbeit ihre herkömmlichen Dialoge und betreiben quasi nebenbei massiv Workflow-Management. Dieser Vorteil erscheint vor dem Hintergrund besonders beachtenswert, wenn auch Mitarbeiter mit dem System arbeiten müssen, die ursprünglich für einen elektronischen Arbeitsplatz nicht vorgesehen waren.

Weiterhin ist deutlich erkennbar, daß ein Workflow-System nicht als Software zu verstehen ist, die dem Anwender vorschreibt, was er zu tun oder zu lassen hat und ihn dadurch in seinem Entscheidungsspielraum einschränkt, Kompetenzen beschneidet und ihn kontrollierbar macht - obwohl dies alles möglich ist. Vielmehr soll es dem Anwender **Routinearbeiten abnehmen** und seine Tätigkeit durch **Kontrollmechanismen** (Wiedervorlage, Terminüberwachung, Weiterleitung, Vertretungsregelung) komfortabel unterstützen. Ängste der Mitarbeiter vor totaler Leistungskontrolle durch die Technik müssen ernst genommen werden, denn der „gläserne Mitarbeiter" sollte kein anzustrebendes Ziel sein. Damit mit den gesammelten Echtzeitdaten kein Mißbrauch getrieben wird, müssen entsprechende Betriebsvereinbarungen festgelegt werden, sonst zieht sich ein Unternehmen durch eine aufkommende ***„Big brother is watching you"-Stimmung*** eher einen Hemmschuh an.

Ohne grundlegende Aufklärung dürfte auch eine intelligente Workflow-Lösung zum Scheitern verurteilt sein. Deshalb ist es erforderlich, das Vorgehen transparent zu machen, starke Partizipation aller Mitarbeiter zu fördern, Problembewußtsein zu schaffen und Lösungen gemeinsam zu entwickeln. Entscheidend erscheint die Bereitschaft, eingefahrene Denk- und Verhaltensmuster zugunsten neuer, teamorientierter Organisationsideen aufzugeben. Effiziente Teamarbeit ist in Zeiten dezentraler, „schlanker" Unternehmensstrukturen ohnehin zum strategischen Erfolgsfaktor geworden.

Vorgehensweise bei der Workflow-Einführung

Es wurde gezeigt, wie mit einer projekt- und phasenorientierten Vorgehensweise eine Workflow-Einführung durchgeführt werden kann. Allerdings stellte sich heraus, daß es bei der Workflow-Entwicklung „im Großen" günstig erscheint, die einzelnen Projektschritte an unterschiedliche Experten aufzuteilen. Dies widerspricht zwar der ganzheitlichen Denkweise bei der Prozeßoptimierung, erscheint jedoch vor dem deutlich gewordenen hohen technischen Know-how-Bedarf als unabdingbar.

Einsatzmöglichkeiten in mittelständischen Unternehmen

Im Rahmen der Prozeßanalyse wurde deutlich, daß auch in mittelständischen Unternehmen durchaus Bedarf besteht, Workflow-Systeme als Prozeßbeschleuniger einzusetzen. Auch wenn die Strukturen einfacher, die Hierarchien flacher, die Arbeitsteilung schwächer und die Wege einfacher sind als in Großunternehmen, entstehen doch recht schnell Prozesse, die viele Stellen durchlaufen und nur schwer durchschaubar und administrierbar sind.

Die selbständige Verwirklichung von Workflow-Projekten im Mittelstand erscheint allerdings äußerst fragwürdig. Wie sich herausstellte, sind zur Workflow-Implementierung derzeit noch tiefgreifende SAP-Systemkenntnisse erforderlich, ergänzt durch Organisationstalent und Teamorientierung, was in mittelständischen Unternehmen so nicht immer vorausgesetzt werden kann. Eine Aufteilung dieser Tätigkeiten auf mehrere Experten bietet sich bei Großunternehmen an, ist bei kleineren Betrieben aber aus finanziellen Gründen nicht machbar. Bleibt die Möglichkeit, sich die Dienstleistung *„Geschäftsprozeßoptimierung und Workflow-Implementierung"* von externen Beratungsunternehmen einzukaufen. Damit dürfte sich ein neues, interessantes Marktfeld für Unternehmensberatungen und Systemhäuser eröffnen.

Ausblick

Die Ergebnisse zeigen, daß Workflow-Management-Systeme mit hoher Wahrscheinlichkeit wichtige Pfeiler in zukünftigen DV-Umgebungen bilden werden. Dabei spielt neben dem rein technologischen und organisatorischen Potential die Einbindung in „herkömmliche DV-Anwendungen" eine große Rolle. Die SAP AG läßt mit ihrer aktuellen Implementierung des Business Workflow Wünsche aufkommen und zeigt damit bereits heute, was morgen notwendig sein wird. Ihre Aktivitäten in der WfMC schaffen eine gewisse Sicherheit, mit der neuen Technologie nicht in eine Sackgasse zu laufen. Doch bis es zur optimalen Gesamtlösung kommt, ist auch hier noch einiges zu tun.

Besonders im sozialen Bereich sind durch Workflow-Systeme Bewegung und Veränderung zu erwarten: denn die Notwendigkeit, bei der Umsetzung von Workflow-Projekten prozeßorientierte Sichten zu entwickeln, wird dazu beitragen, daß sich reine DV-Experten neuerdings mit der Organisation und pure Organisatoren mit der technischen Unterstützung dieser Strukturen auseinandersetzen werden.

Die durchgeführte Workflow-Implementierung eröffnet eine Möglichkeit der Prozeßoptimierung, die neben der versprochenen Effizienzsteigerung sowohl Anwender wie Entwickler zufriedenstellt und damit dem Unternehmen den erwarteten ökonomischen Erfolg beschert.

Anhang

Überblick

- Workflow-Transaktionscodes
- Abkürzungsverzeichnis
- Literaturverzeichnis
- Stichwortverzeichnis

Workflow-Transaktionscodes

Trans-aktion	Aufgabe	Menüpfad
SO01	Integrierter Eingangskorb	Büro → Eingang
SWUS	Starten von beliebigen Aufgaben (Kundenaufgaben/Standardaufgaben; Workflow-Aufgaben/ Workflow-Muster)	Büro → Workflow starten
SWLW	**Bereichsmenü** **SAP Business Workflow - Organisation**	Werkzeuge → Business Workflow → Organisation
PPOC PPOM PPOS	Pflege einer Aufbauorganisation	Aufbauorganisation → Anlegen Aufbauorganisation → Ändern Aufbauorganisation → Anzeigen
PFOM PFOS	Zuordnungen zwischen SAP-Organisationsobjekten und Organisationseinheiten/Planstellen pflegen	OrgObjekte → Zuordnungen anlegen OrgObjekte → Zuordnungen anzeigen
SO01	Integrierter Eingangskorb	Integrierter Eingangskorb
SWI3	Vom Benutzer gestartete Aufgaben (Kundenaufgaben/Standardaufgaben; Workflow-Aufgaben/Workflow-Muster)	Workflow-Ausgang
SWUS	Starten von beliebigen Aufgaben (Kundenaufgaben/Standardaufgaben; Workflow-Aufgaben/Workflow-Muster)	Workflow starten
SWI6	Ermittlung aller Workitems zu einem Objekttyp bzw. Objekt	Objektverknüpfungen
SWI2	Analyse von Workitems nach Häufigkeit, Bearbeitungsdauer, ...	Workitem-Analyse
SWI5	Ermittlung der Arbeitsbelastung eines Mitarbeiters	Workload-Analyse
SWI4	Aufgabenanalyse	Aufgaben-Analyse
SWXF	Demobeispiel: Abwesenheitsmitteilung	Demobeispiele → Formular ausfüllen

Trans-aktion	Aufgabe	Menüpfad
SWLD	**Bereichsmenü** **SAP Business Workflow - Entwicklung**	Werkzeuge → Business Workflow → Entwicklung
		→ *Definitionswerkzeuge* →
SWO1	Objekttyp-Definition	Objektrepository
SWF3	Workflow Wizard	Wizards → Wizard Repository
PFTC	Definition von Aufgaben (Kundenaufgaben/Standardaufgaben; Workflow-Aufgaben/Workflow-Muster)	Aufgaben
PFAC	Definition von Standardrollen	Standardrollen
PPOC PPOM PPOS	Pflege einer Aufbauorganisation	Aufbauorganisation → Anlegen Aufbauorganisation → Ändern Aufbauorganisation → Anzeigen
PFOM PFOS	Zuordnungen zwischen SAP-Organisationsobjekten und Organisationseinheiten/Planstellen pflegen	OrgObjekte → Zuordnungen anlegen OrgObjekte → Zuordnungen anzeigen
SWEC BSVW NACE	Ereigniserzeugung	Ereigniserzeugung → Änderungsbelege Ereigniserzeugung → Statusverwaltung Ereigniserzeugung → Nachrichtensteuerung
		→ *Laufzeitwerkzeuge* →
SO01	Integrierter Eingangskorb	Integrierter Eingangskorb
SWI3	Vom Benutzer gestartete Aufgaben (Kundenaufgaben/Standardaufgaben; Workflow-Aufgaben/Workflow-Muster)	Workflow-Ausgang
SWUS	Starten von beliebigen Aufgaben (Kundenaufgaben/Standardaufgaben; Workflow-Aufgaben/Workflow-Muster)	Workflow starten
SWI6	Ermittlung aller Workitems zu einem Objekttyp bzw. Objekt	Objektverknüpfungen

Trans-aktion	Aufgabe	Menüpfad
		→ *Reporting* →
	Workflow-Informationssystem (WIS)	Workitem-Informationssystem (WIS)
SWI2	Analyse von Workitems nach Häufigkeit, Bearbeitungsdauer, ...	Workitem-Analyse
SWI5	Ermittlung der Arbeitsbelastung eines Mitarbeiters	Workload-Analyse
SWI4	Aufgaben-Analyse	Aufgaben-Analyse
		→ *Hilfsmittel* →
SWI1	Selektion von Workitems aller Typen	Workitem-Selektion
SWUD	Diagnose und „Troubleshooting"	Diagnose
SWU0	Konsistenzprüfung für Ereignisse	Ereignis simulieren
SWUH	Testumgebung für Methoden	Methode testen
SWU4 SWU5 SWU6 SWU7	Konsistenzprüfung für Aufgaben	Konsistenzprüfung → Aufgabe → Standardaufgabe Konsistenzprüfung → Aufgabe → Kundenaufgabe Konsistenzprüfung → Aufgabe → Workflow-Aufgabe Konsistenzprüfung → Aufgabe → Workflow-Muster
SWLC	Konsistenzprüfung für die organisatorische Zuordnung zu Workitems einer Aufgabe	Konsistenzprüfung → Org. Zuordnung
SWU3	Konsistenzprüfung für das durchgeführte Customizing	Konsistenzprüfung → Customizing
SWU8 SWU9	Technischer Trace	Technischer Trace → Ein-/Ausschalten Technischer Trace → Anzeigen
SWE4 SWEL	Ereignis-Log	Ereignis-Log → Ein-/Ausschalten Ereignis-Log → Anzeigen
SWU1 SWU2	RFC-Monitor	RFC-Monitor → Eigene Ereignisse RFC-Monitor → Workflow

Transaktion	Aufgabe	Menüpfad
SWE3	Anzeige von Instanzkopplungen	Ereignisinstanz-Kopplung
SWUE	Test: Erzeugen eines Ereignisses	Weitere Werkzeuge → Ereignis erzeugen
SWE2	Ereigniskopplung	Weitere Werkzeuge → Ereigniskopplung
SWLP	Aufgaben zwischen Planvarianten kopieren	Weitere Werkzeuge → Planvariante kopieren
		→ *Umfeld* →
PP7S	Zum Organisationsmanagement springen	Organisationsmanagement
SWXF	Demobeispiel: Abwesenheitsmitteilung	Demobeispiele → Formular ausfüllen
		→ *Administration* →
SWI8	Fehlerübersicht	Fehlerübersicht
SWUF SWUL SWUO	Workflow-Administration	Monitoring Löschreports Workitems ausführen

Abkürzungsverzeichnis und Glossar

ABAP/4	Advanced Business Application Programming/4.Generation
ALE	Application Link Enabling
API	Application Programming Interface
ASCII	American Standard Code for Information Interchange
BAPI	Business Application Programming Interface
BPR	Business Process Reengineering
EDI	Electronic Data Interchange
ePK	ereignisgesteuerte Prozeßkette
GP	Geschäftsprozeß
HR	Human Resources (SAP-Modul für das Personalwesen)
MAPI	Messaging Application Programming Interface
MM	Materials Management (SAP-Modul für die Materialwirtschaft)
NCI	Non Coded Information
o.V.	Ohne Verfasser
ODBC	Open Database Connectivity
OLE	Object Linking and Embedding
PD	Personal Planning and Development (SAP-Modul für Personalplanung)
PP	Production Planning (SAP-Modul für die Logistik)
QM	Quality Management (SAP-Modul für das Qualitätsmanagement)
RFC	Remote Function Call
SAP	Systeme, Anwendungen und Produkte
SD	Sales and Distribution (SAP-Modul für den Vertrieb)
TQM	Total Quality Management
WF	Workflow
WfMC	Workflow Management Group
WAN	Wide Area Network
WAPI	Workflow Application Programming Interface

Literaturverzeichnis

Bücher

[1] **AFOS:**
SAP, Arbeit, Management. Durch systematische Arbeitsgestaltung zum Projekterfolg, Braunschweig/Wiesbaden: 1996

[2] **Becker, J.; Vossen, G. [Hrsg.]:**
Geschäftsprozeßmodellierung und Workflow-Management, Bonn: 1996

[3] **CDI [Hrsg.]:**
SAP R/3 Materialwirtschaft. Grundlagen, Anwendungen, Fallbeispiele, Haar bei München: 1996

[4] **Gronau, Norbert:**
Management von Produktion und Logistik mit SAP R/3, München/Wien/Oldenburg: 1996

[5] **Hammer, Michael; Champy, James:**
Business Reengineering. Die Radikalkur für das Unternehmen, Frankfurt/New York: 1994

[6] **Hollingsworth, D. (WfMC):**
The Workflow Reference Model, Workflow Managment Coalition Document Number TC00-1003 - Draft 1.1, Brüssel: 1995

[7] **Jablonski, S.:**
Workflow-Management-Systeme, Modellierung und Architektur, Bonn: 1995

[8] **Joosten, Stef:**
Conceptual Theory for Workflow Management Support Systems, Centre for Telematics and Information Technology, University of Twente, Enschede: 1995

[9] **v. Koenigsmarck, Otfried; Trenz, Carsten:**
Einführung von Business Reengineering. Methoden und Praxisbeispiele für den Mittelstand, Frankfurt/New York: 1996

[9a] **Moser, Gerd:**
SAP R/3 Interfacing Using BAPIs.
A practical guide to working within SAP's Business Framework
Wiesbaden: 1999, ISBN 3-528-05694-0

[10] **SAP AG:**
Funktionen im Detail: SAP Business Workflow,
Walldorf: Februar 1995

[11] **Scheer, A.-W.:**
Architektur integrierter Informationssysteme. Grundlagen der Unternehmensmodellierung, Berlin/Heidelberg: 1991

[12] **Scheer, A.-W.:**
Wirtschaftsinformatik. Referenzmodelle für industrielle Geschäftsprozesse, 4. Auflage, Berlin/Heidelberg: 1994

[13] **Vossen, Gottfried; Becker, Jörg (Hrsg.):**
Geschäftsprozeßmodellierung und Workflow-Management
- Modelle, Methoden, Werkzeuge, Bonn, Albany: 1996

[14] **Wenzel, Paul (Hrsg.):**
Geschäftsprozeßoptimierung mit SAP R/3. Modellierung, Steuerung und Management betriebswirtschaftlich-integrierter Geschäftsprozesse, Braunschweig/Wiesbaden: 1995

[15] **Wenzel, Paul (Hrsg.):**
Betriebswirtschaftliche Anwendungen des integrierten Systems SAP R/3, Braunschweig/Wiesbaden: 1995

[16] **Workflow Management Coalition:**
The Workflow Reference Mod, Draft 1.0, Brüssel: 1995

[17] **Workflow Management Coalition:**
Interface 1: Process Definition Interchange, Brüssel: 1995

Zeitschriften und Broschüren

[18] **Amberg M.:**
Ableitung von Spezifikationen für Workflow-Management-Systeme aus Geschäftsprozeßmodellen. In: Rundbrief des GI-Fachausschusses 5.2, 2(2), Seiten 76-78, Bamberg: 1995

[19] **Amberg, M.:**
The Benefits of Business Process Modeling for Specifying
Workflow-Oriented Application Systems,
Erscheint in: WfMC Workflow handbook 1997, Bamberg: 1996

[19a] **Becker, M.; Vogler, P.; Österle, H.:**
Workflow-Management in betriebswirtschaftlicher Standardsoftware. In: Wirtschaftsinformatik, Heft 4,
Wiesbaden: August 1998

[20] **Berthold, A. (SAP AG):**
SAP Business Workflow: Grundlagen und technischer Überblick, Walldorf: 1995

[21] **Berthold, A.; Gerstner, R.; Schaeff, A. (SAP AG):**
SAP Business Workflow: Ereignisse, Walldorf: 1995

[22] **Berthold, A.; Götzinger, R. (SAP AG):**
SAP Business Workflow: Workflow-Definition, Walldorf: 1995

[23] **Ferstl, Otto K.; Sinz, Elmar J.:**
Geschäftsprozeßmodellierung. In: Wirtschaftsinformatik Band 35, Heft 6, Seiten 589-592; 1993

[24] **Galler J.; Scheer A.W.:**
Workflow-Projekte - Vom Geschäftsprozeßmodell zur unternehmensspezifischen Workflow-Anwendung.
In: Information Management Nr. 10/1995, Seiten 20 - 27; 1995

[25] **Georgakopoulos, D.; Hornick, M.; Sheth, A.:**
From Process Modeling to Workflow Automation Infrastructure.
In: Distributed and Parallel Databases, No. 3/1995, S. 119 - 153; Boston: 1995

[26] **Held, Claus-Peter:**
Workflow: Jederzeit schnelle Sachbearbeitung.
In: IT Services, Business-Magazin für Wirtschaft & Unternehmensmanagement, Heft 11/96, Seiten 52-55, Köln: 1996

[27] **Kirn, S.:**
Organisatorische Flexibilität durch Workflow-Management-Systeme?
In: HMD, Nr. 32/182, S. 100-112, Bonn: 1995

[28] **Kroker, Michael:**
Workflow-Management: Organisationsmodell oder Strategie?
In: IT Services; Business-Magazin für Wirtschaft & Unternehmensmanagement, Heft VII-VIII/96, Köln: 1996

[29] **Leymann F.:**
Supporting Business Transactions Via Partial Backward Recovery in Workflow Management Systemes. In: Proceedings BTW ' 95, Informatik Aktuell; München: 1995

[29a] **Litke, H.-D.:**
Von der Vision zur Wirklichkeit
In: Computerwoche focus Ausgabe 4

[30] **Picot A.; Rohrbach P.:**
Organisatorische Aspekte von Workflow-Management-Systemen. In: Information Management Nr. 10/1995, Seiten 28 - 35; 1995

[31] **Raufer, H.; Morschheuser, S; Enders, W.:**
Ein Werkzeug zur Analyse und Modellierung von Geschäftsprozessen als Voraussetzung für effizientes Workflow-Management. In: Wirtschaftsinformatik Nr. 37/1995, Seiten 467 - 479, Wiesbaden: 1995

[32] **Schulze, J.:**
Integrierte Vorgangsverarbeitung - aktueller denn je. In: Office Management; Baden-Baden: 1993

[33] **Scheer, A.-W.:**
Prozeßgedanke und Workflow verändern Anwendungssoftware. In: Computerwoche Nr. 41 vom 11. Oktober 1996, Seiten 87 - 89; München: 1996

[34] **Sinz, Elmar J.:**
Geschäftsprozesse und Workflow-Systeme - Modelle und Architekturen. In: Informationssystem-Architekturen, Heft 2, Rundbrief des GI-Fachausschusses 5.2, S. 29-33; 1995

[35] **Versteegen, Gerhard:**
Flußkontrolle - Einführung von Workflow-Management-Systemen. In: iX 9/1995, Seiten 140 - 146; 1995

[36] **Weiß, D./Krcmar, H.:**
Workflow-Management: Herkunft und Klassifikation. In: Wirtschaftsinformatik Nr. 38/1996; Wiesbaden: 1996

[37] **o.V.:**
Trennung von der Systemtechnik; Kerndienste machen das Netz zum virtuellen Computer. In: Computerwoche Nr. 39 vom 27. September 1996; Seiten 43 - 44, München: 1996

Elektronische Quellen

[38] **Amberg, M.; Striemer, R.; Weske, M.:**
Modellierung von Workflows - Ein Rahmenmodell. Arbeitspapier GI-Arbeitskreis Workflow, Bamberg: 1996
✎ Internet: http://www.seda.sowi.uni-bamberg.de/workflow/document/akwf02/wfmod

[39] **Fritz, Franz-Josef (SAP AG):**
Flexibles Prozeßmanagement mit SAP Business Workflow,
Vortrag auf der SAPPHIRE '96 in Wien,
✎ Powerpoint-Präsentation auf [44]

[40] **Intos Information Service:**
Diverse Abhandlungen über Workflow-Systeme und deren Umfeld,
Elektronische Zeitschrift
✎ Internet: http://www.intos.co.at/

[41] **Joosten, Stef:**
Workflow Management,
Enschede: 1995
✎ Internet: http://wwwis.cs.uni-twente.nl:8080/~joosten/workflow.html

[42] **SAP AG:**
R/3 Online-Dokumentation, SAP R/3 Release 3.0,
Walldorf: Januar 1996
✎ CD

[43] **SAP AG:**
SAP Visual SAPPHIRE '96,
Präsentationen auf der SAPPHIRE in Wien,
Walldorf: Juni 1996
✎ CD mit Vortragsunterlagen

[44] **SAP AG:**
SAP Visual Informationstage,
Produkt-Präsentationen,
Walldorf: Juli 1996
✎ CD mit Vortragsunterlagen

[45] **SAP AG:**
SAP Visual Systems '96,
Präsentationen auf der Systems in München,
Walldorf: Oktober 1996
✎ Messe-CD

[46] **Tschira, Klaus. E. (SAP AG):**
Ist „*Corporate Fitness*" zu verwirklichen ?
Vortrag auf der SAPPHIRE in Wien,
✎ Powerpoint-Präsentation auf [44]

[47] **Workflow Management Coalition:**
Terminology & Glossary,
Version 2.0,
Brüssel: 1996
✎ Internet: http://www.aiai.ed.ac.uk/WfMC/

[48] **Workflow Management Research WWU**
Workflow Management Systems,
Münster: 1996
✎ Internet: ismizu@wi.uni-muenster.de

sonstige Quellen

[49] **Becker, J.; Rosemann, M. (Hrsg.):**
Workflow-Management - State-of-the-Art aus Sicht von Theorie und Praxis, Proceedings zum Workshop vom 10. April 1996, Arbeitsbericht Nr. 47 des Instituts für Wirtschaftsinformatik, Münster: 1996

[50] **Galler, J.:**
Metamodelle des Workflow-Management,
Arbeitsbericht des Instituts für Wirtschaftsinformatik Nr. 121,
Saarbrücken: 1995

Sachwortverzeichnis

A

B

R

S

T

U

V

W

X

Z